嚴選雞尾酒手帖

京王廣場大飯店飲料部部長
渡邊一也 監修

雞尾酒擁有其他事物所沒有的魅力

雞尾酒雖然只是將各種液體混合在一起，但每杯酒背後都有屬於它的故事、以及想傳遞的訊息，美麗的外觀和與美好的味道，可以讓人沉悶的心情馬上撥雲見日……雞尾酒那豐富的魅力，在其他飲品身上是看不到的。

即使只是兌水或兌氣泡水這種只用了2種材料的喝法，也都算是一種雞尾酒。另外當然也有使用水果、溫熱的咖啡與牛奶等材料所調製的雞尾酒。近年來，無酒精雞尾酒也很受歡迎。雞尾酒潛藏著無限的可能。

本書收錄了一些應具備的基本常識，並嚴選數杯讓人想喝上一杯的雞尾酒，希望能幫助讀者體會到選酒的愉快、以及談論酒的欣喜。

雞尾酒是什麼？

一般來說是以某種酒為基底，混合其他酒或果汁等材料的調製飲品。比方說左頁的「瑪格麗特」就包含了下面看到的元素。

嚴選雞尾酒手帖

CONTENTS

以蘭姆酒為基底的調酒 65

以龍舌蘭為基底的調酒 83

以威士忌為基底的調酒 99

以白蘭地為基底的調酒 119

以利口酒為基底的調酒 —— 139

以葡萄酒、清酒、燒酒、啤酒為基底的調酒 —— 167

無酒精雞尾酒 —— 181

column

本書特色與閱讀方法

〇本書從多不勝數的雞尾酒中千挑萬選出其中162杯介紹給各位讀者。
〇每杯皆清楚標示出酒精濃度和口感，可以作為點酒時的參考。
〇附有酒譜，不僅可以自行製作，也更容易想像出味道。
〇每一杯酒都有詳細的解說，可以享受創作由來等背後故事的樂趣。
〇會介紹作為基底的烈酒（蒸餾酒）中較具代表性的一些品牌，也會介紹幾款較知名的利口酒品項。在酒吧裡享受氣氛、或是自己調製時可以參考。

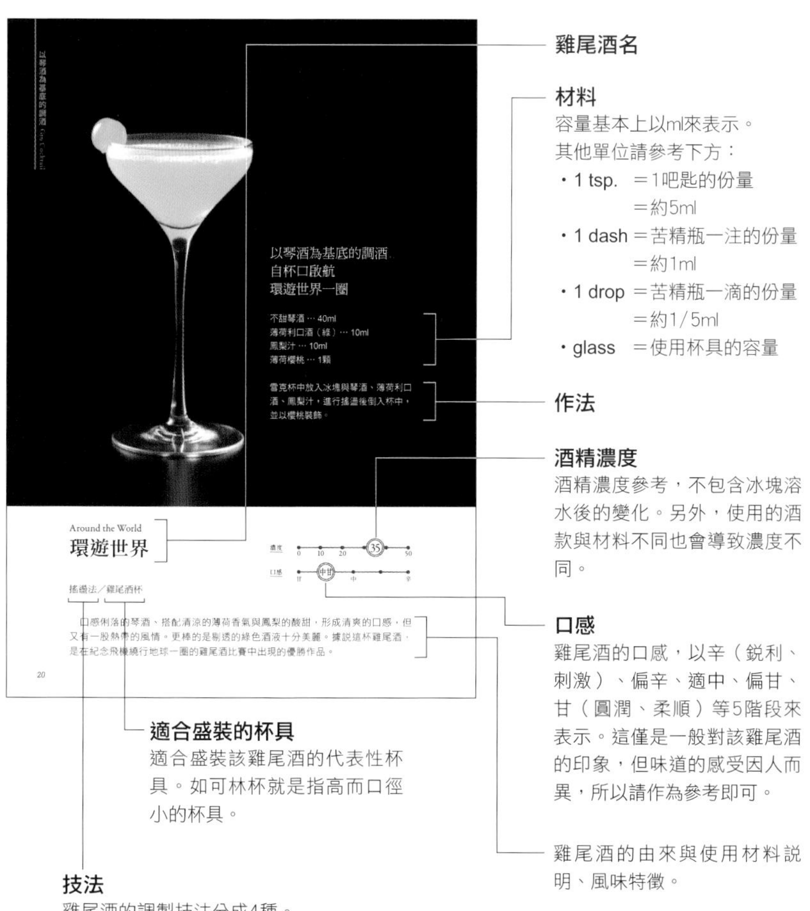

雞尾酒名

材料
容量基本上以ml來表示。
其他單位請參考下方：
- 1 tsp. ＝1吧匙的份量＝約5ml
- 1 dash ＝苦精瓶一注的份量＝約1ml
- 1 drop ＝苦精瓶一滴的份量＝約1/5ml
- glass ＝使用杯具的容量

作法

酒精濃度
酒精濃度參考，不包含冰塊溶水後的變化。另外，使用的酒款與材料不同也會導致濃度不同。

口感
雞尾酒的口感，以辛（銳利、刺激）、偏辛、適中、偏甘、甘（圓潤、柔順）等5階段來表示。這僅是一般對該雞尾酒的印象，但味道的感受因人而異，所以請作為參考即可。

雞尾酒的由來與使用材料說明、風味特徵。

適合盛裝的杯具
適合盛裝該雞尾酒的代表性杯具。如可林杯就是指高而口徑小的杯具。

技法
雞尾酒的調製技法分成4種。
詳情請參照p.12～15。
- **直調法**　直接將材料注入杯中混合
- **攪拌法**　放入攪拌杯中攪拌混合
- **搖盪法**　放入雪克杯中搖盪混合
- **攪打法**　放入果汁機攪打

※本書收錄之資訊最後更新日期為2017年2月。

雞尾酒的材料

雞尾酒基本上是由「基酒」和「副材料」所構成。

除了用作基底的烈酒（蒸餾酒）和利口酒之外，也有其他用來增添風味的酒種。先介紹基酒的部分：

琴酒 >> p.18

以大麥、裸麥、玉米等作物為原料所製成的蒸餾酒，最大的特色在於帶有杜松子的清爽香氣。最大宗的琴酒種類是口感俐落的不甜琴酒（Dry Gin）。

伏特加 >> p.46

以大麥、小麥、馬鈴薯等作物為原料所製成的蒸餾酒。特色是經過白樺或相思樹的活性碳過濾，口感十分圓潤且乾淨。

蘭姆酒 >> p.66

以甘蔗為原料所製成的蒸餾酒，原產自西印度群島。依風味強烈程度可以分成淡蘭姆酒、中性蘭姆酒、濃蘭姆酒。

龍舌蘭 >> p.84

以藍色龍舌蘭的莖為原料製成的蒸餾酒。只有墨西哥5州所生產的龍舌蘭酒才有資格稱作「Tequila（龍舌蘭）」。

威士忌 >> p.100

以大麥、裸麥、玉米等原料製成的蒸餾酒。包含蘇格蘭生產的蘇格蘭威士忌，以及美國生產的波本威士忌等。

白蘭地 >> p.120

白葡萄酒蒸餾後入桶發酵所製成的蒸餾酒。其他也有用蘋果和櫻桃等葡萄之外的水果製成的水果白蘭地。

利口酒 >> p.140

在蒸餾酒中加入香草或水果、堅果、果醬等不同風味所製成的再製酒。在雞尾酒上大多是用來增添基酒之外的風味。

葡萄酒 >> p.168
啤酒 >> p.168

葡萄酒主要是指葡萄發酵後製成的釀造酒，分成紅、白、粉紅葡萄酒。啤酒是以大麥麥芽、水、啤酒花為主要原料製成的釀造酒。

清酒 >> p.168
燒酒 >> p.168

清酒是以米、米麴和水為原料製成的釀造酒。燒酒則是以麥、薯類、蕎麥等原料製成的日本蒸餾酒。沖繩的泡盛也是一種燒酒。

副材料之中，冰可是調製冰涼雞尾酒時不可或缺的材料。依大小、形狀的不同，冰也有不同的稱呼：

Lump of Ice（中冰塊）

使用冰鑿將大顆的冰塊鑿成稍微小於拳頭的大小。主要用於加冰飲用烈酒（On the rocks）時。

Cracked ice（手鑿冰）

將大顆冰塊鑿成3～4cm大的中小型冰塊。常用於搖盪法與攪拌法的雞尾酒，使用頻率相當高。

Crushed Ice（碎冰）

細碎狀的冰塊。製作霜凍雞尾酒和芙萊蓓類雞尾酒時會用到。

Cubed Ice（方塊冰）

用製冰機做出來的3cm立方體冰塊。

副材料

雞尾酒除了酒以外，也有一些讓成品更好入口的兑用材料，還會用水果、香草等東西來增添風味與裝飾。

水、碳酸飲料

主要是用來兑基酒，如含有二氧化碳氣泡的無味無臭氣泡水、帶有微微苦味和甜味的通寧水、具有薑味與焦糖味的薑汁汽水、可樂。

果汁

用來兑基酒或增添風味時使用。經常使用到檸檬、萊姆、葡萄柚、柳橙、鳳梨果汁。一般會使用市售的100%果汁，或是直接拿新鮮水果榨取。

糖漿類、鹽、砂糖

糖漿類會用來增加甜味，包含細白砂糖加水溶解後製成的糖漿（Sugar Syrup）、濃稠糖漿（Gomme Syrup）、以紅石榴果汁和砂糖煮成的紅石榴糖漿等。鹽和砂糖則是用來製作雪花杯（→p.16）。

乳製品

用於兑酒或增添風味。主要使用牛奶和鮮奶油。

水果、蔬菜

用來裝飾或增添風味。檸檬、萊姆、柳橙會切成圓片或半月狀，也會削下果皮，將皮油噴附在雞尾酒上來點綴風味。鳳梨也是熱帶雞尾酒不可或缺的裝飾物，而西洋芹和小黃瓜則會切成細棍狀來代替攪拌棒放在杯子裡。

香草、香料類

用來裝飾與增添風味。尤其是帶有清涼感的薄荷葉，不僅在茱莉普類雞尾酒和莫西多上用量很大，也經常用來裝飾。肉豆蔻、丁香、肉桂等香料也經常會用在加了鮮奶油或牛奶的雞尾酒上。

櫻桃、橄欖、珍珠洋蔥

主要用來當作裝飾物。顏色鮮豔的櫻桃是浸漬在糖漿裡面的醃漬物，紅色的稱作馬拉斯奇諾櫻桃（Maraschino cherry）、綠色的稱作薄荷櫻桃（Mint cherry）。馬丁尼用的橄欖是鹽漬橄欖、吉普森用的珍珠洋蔥則是小型的醋漬洋蔥。這幾種材料都是以一罐為單位販售。

雞尾酒的工具

包含雪克杯在內，調製雞尾酒時會用到許多特殊的工具。

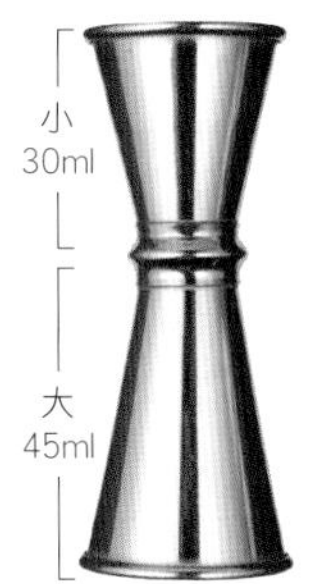

量酒器

測量酒與糖漿等液體的工具。兩頭的容量分別為30ml與45ml。

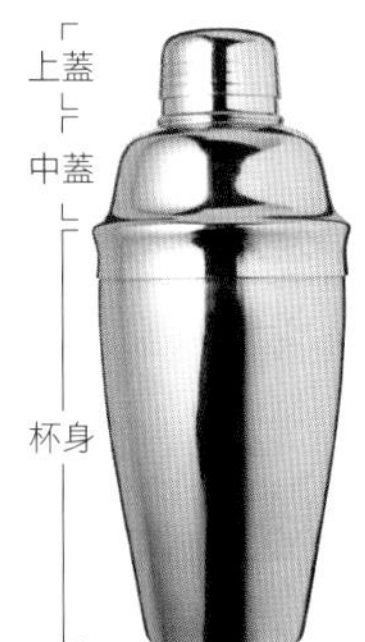

雪克杯

搖盪用的容器，有很多種大小。將材料與冰塊放入杯身後，蓋上中蓋與上蓋進行搖盪，最後打開上蓋，將酒液注入杯中。

隔冰匙

倒酒時蓋在攪拌杯上，擋住冰塊用的工具。和雪克杯上的濾冰口功能相同。把手的部分是拿起來的時候使用。

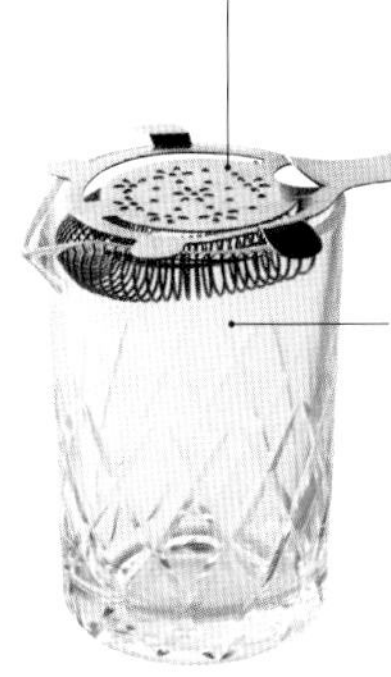

攪拌杯

用來裝冰塊與材料後進行攪拌的大型玻璃杯，主要於製作攪拌法雞尾酒時使用。

吧（叉）匙

另一頭有叉子的長型湯匙。測量液體份量與攪拌時會使用湯匙那一頭、從罐中取出櫻桃等裝飾物時則使用叉子那頭。

搗棒

用來搗碎杯中或雪克杯中的水果與薄荷葉時使用。

均質攪拌機

也可以用來打冰塊的攪拌機。製作霜凍類型雞尾酒時會用到。

苦精瓶

專門用來裝苦精（→p.165）的小瓶子。倒轉瓶身注入一下就是1dash、而傾斜瓶身滴下1滴則是1drop。

雞尾酒的技法

雞尾酒有4種調製技法，每一個動作都有其理由存在，而每位調酒師自己鑽研的成果與想法，也都會展現在動作上。坐在吧台欣賞調酒師的動作與技術，也是酒吧的樂趣之一。

直調法（Build）

直接在杯中調製的方法。琴通寧和金巴利蘇打這種使用氣泡材料的調酒，以及黑色俄羅斯和卡魯哇牛奶這種沒使用氣泡材料的調酒都可能會以這種方法調製。不過不管哪種，這個方法的重點都在於不要過度混合材料。調製時要盡量避免氣泡散失，同時也要注意不應過度混合。此處介紹使用氣泡材料的例子。

1

在冰鎮好的酒杯中放入冰塊，測量基酒後倒入。為了充分冷卻酒液，將吧匙背面緊貼著杯子內側，攪動冰塊。

2

溫柔地倒入氣泡水，注意不要打在冰塊上。如果酒譜份量上標示適量，則大約加至杯內八分滿。

3

插入吧匙，小心不要碰到冰塊。想像是在摳杯底一樣抖動幾次即可。最後用吧匙將冰塊輕輕拉起再放下，杯內材料就能自然混合。

加入氣泡材料後，就不要繞圈攪動了，輕輕晃動稍作混合即可。

攪拌法（Stir）

將比較容易混合的材料，在保留本身風味的情況下快速混合的方法。馬丁尼和曼哈頓就是使用這種方法。這種調製法的目的在於充分發揮酒的味道與強度。如果冰塊溶水過多會導致味道稀淡，所以重點在於攪拌前先洗過冰塊來去除稜角，並注意放入與取出吧匙時不要讓冰塊受損，且必須充分混合材料。

1

將冰塊裝入攪拌杯至6分滿，接著倒入水，以吧匙輕輕攪拌。蓋上隔冰匙，將水倒乾淨。

先沖洗掉冰塊比較容易溶化的稜角與表面部分，這個步驟稱作洗冰塊。

2

測量材料後放入。

插入吧匙時小心不要碰到冰塊，接著開始攪拌。當冰塊開始轉動後，就利用冰塊本身轉動的力量帶動吧匙的攪拌。

3

吧匙背部貼著攪拌杯內側，快速且安靜地攪拌。為避免攪拌杯升溫，另外一隻手稍微扶著杯底即可。

4

蓋上隔冰匙，將酒液倒入杯中。

搖盪法（Shake）

將比重不同而難以混合的材料充分混合並冷卻的方法。黛綺莉和瑪格麗特即是以此法調製。由於材料會和冰塊一同經過搖盪，不僅會產生氣泡，也會因為多了一點溶化的冰水，令成品口感變得飽滿溫和。雪克杯的搖盪方式會影響到呈現出來的風味，所以也很容易表現出一名調酒師的特色。

1

雪克杯杯身中裝入冰塊至8～9分滿，接著測量材料後放入，並蓋上中蓋與上蓋。

為避免手溫過度傳遞到雪克杯上，不要把整個手掌都貼上去。

2

握好雪克杯，置於胸前。

搖盪一次會聽到冰塊撞擊聲出現2次。搖盪的重點就在於讓冰塊確實來回移動。

3

朝著斜上方搖出後收回原本的位置。這時冰塊會撞擊杯底，並反彈回來撞擊中蓋。

4

朝著斜下方搖出後收回原本的位置。像一個「く」字一樣重複進行步驟**3**與**4**。待雪克杯充分冷卻、外圍出現白霜時就代表已經充分冷卻並混合，最後打開上蓋，將酒液倒入冰鎮好的杯子裡。

攪打法（Blend）

製作霜凍類雞尾酒的方法。用攪拌機攪打材料和碎冰，做成雪酪狀。較出名的調酒如霜凍黛綺莉和霜凍瑪格麗特。

1

在容器裡裝入材料與碎冰。

如果會使用到水果，材料放入的順序為水果→冰→酒，可以避免變色。

2

以攪拌機攪打，聽不到冰塊被打碎的聲音之後就差不多完成了。最後以吧匙將成品挖到冰鎮好的杯子中。

漂浮（Float）

這是直調法中的一項技巧，是不讓液體混合、進而達到分層效果的技法。利用液體本身的比重差異，讓甜度較低、濃度較高的酒浮在上層。如調製完成後會讓鮮奶油漂浮在上層的白色俄羅斯（左圖）和天使之吻（→p.159）、以及多層彩虹酒普施咖啡（右圖）都會使用這種手法。

要漂浮的材料，必須輕輕滑過吧匙背面加入杯中。如果流量太大的話材料就會下沉、混合，所以倒入時動作要輕一點。

《雪花杯》

杯緣均勻沾上鹽或砂糖的裝飾手法。知名調酒包含鹹狗和瑪格麗特。

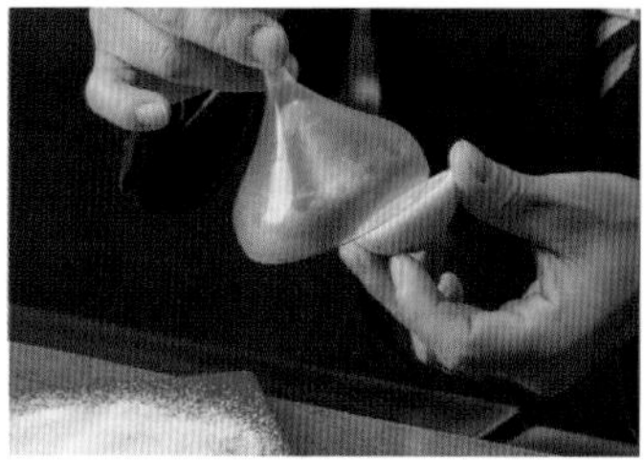

1 在平整的盤上鋪好薄薄的一層鹽（或砂糖，以下皆同）。杯子朝下，以檸檬等果汁沾濕杯口，如果果汁流下來的話會讓杯口的鹽沾不均勻，所以抹濕杯口後先不要急著把杯子翻回來。

2 輕壓一圈沾上鹽，想像讓鹽挺立在杯緣上。

3 輕敲杯底，抖掉多餘的鹽。由於鹽會影響到雞尾酒的味道，所以注意別沾太多。

《噴附皮油》

果皮（Peel）是指檸檬和柳橙等柑橘類上削下的一小片皮。我們會將其油脂噴上雞尾酒來增添香氣。

切下2～3cm大的檸檬皮，並捏住上下兩端來擠壓。

自斜上方擠出皮油

柑橘類的皮含有苦味成分，這個苦味成分在擠出來後會往下掉，至於香氣的部分則會落在前方，所以噴附時要距離杯子10～15cm，自斜上方擠出皮油。

扭轉（Twist）

將果皮切成細長狀，雙手捏住兩端，在杯子上方扭轉，之後再把果皮直接投入酒液中。

Gin Cocktail

以琴酒為基底的調酒

琴酒 —— Gin

琴酒是馬丁尼和琴通寧等雞尾酒的基酒，十分受歡迎，屬於世界4大烈酒之一。大家對琴酒的印象較多是來自英國，不過其實琴酒最早誕生自荷蘭。1660年，荷蘭人利用「杜松子」這種賦予琴酒最主要香氣的果實，製造出治療發燒十分有效的利尿劑，並於藥局販售。不過由於這項利尿劑價格便宜，所以也很多人將其當作飲料酒來飲用，於是這就成了荷蘭人的國民酒品，「荷蘭琴酒（GENEVER）」。

1689年，英國從荷蘭迎來威廉三世接任英國國王。威廉三世將祖國的國民酒品帶入英國並大為推廣，而後該飲品就以「琴（Gin）」的名稱，普及英國各地。

19世紀後半，英國引進連續式蒸餾器，加上蒸餾技術發達，製造出味道乾淨的不甜琴酒。而不甜琴酒於1920年左右傳到禁酒令時期的美國，成為了雞尾酒的基底，因而大受歡迎。而琴酒也成為了世界大宗的烈酒之一。

琴酒的種類

世界各地皆有生產琴酒，不過最主要的產地在歐洲，以琴酒的發源國荷蘭、英國、還有德國居多。荷蘭生產的荷蘭琴酒杜松子香氣特別馥郁，是以傳統單式蒸餾器製成。英國主要生產堪稱琴酒的代名詞的不甜琴酒，風味乾淨、口感俐落。另外也有一些不一樣的琴酒，像加了1～2%糖分使之更好入口的老湯姆琴酒、以及具有強烈香氣的普利茅斯琴酒、還有帶著水果香氣的水果調味琴酒。而德國也有生產一種特殊的琴酒，稱作史坦海格琴酒（Steinhäger），風味介於荷蘭琴酒與不甜琴酒之間。

不甜琴酒（Dry Gin）

不甜琴酒特別具有一種清爽俐落、不甜膩的風味。增添琴酒香氣的方法有幾種，包含直接將草根樹皮加入蒸餾酒液，還有蒸餾時利用蒸氣來萃取出草根樹皮香氣成分的方法，不過詳細製程是每間酒廠的商業機密。不甜琴酒是當今琴酒的主流。

荷蘭琴酒（Genever）

荷蘭傳統琴酒。由於使用傳統單式蒸餾機製作，所以杜松子香氣十分濃烈。和其他琴酒相比，具有更濃厚的風味與香氣，可以嘗到琴酒發源當初的味道。

史坦海格琴酒（Steinhäger）

德國原創的琴酒，因使用新鮮杜松子，酒液中帶有沉穩的香氣。這種琴酒的特色，在於先將杜松子蒸餾酒液與穀物蒸餾酒液調和，再進行第二次蒸餾。

老湯姆琴酒（Old Tom Gin）

在不甜琴酒中加入少量砂糖所製成的琴酒。過去在倫敦，這種酒是透過一台貓型自動販賣機來販賣的，而公貓的暱稱就叫作「湯姆貓」，所以才取作老湯姆琴酒。

各式各樣的琴酒

英人琴酒（Beefeater）

承襲創業者詹姆士・巴羅（James Burrough）於1820年想出的獨門配方，是倫敦不甜琴酒中最具代表性的品牌。英文品名中的Beefeater指的是守護倫敦塔的衛兵，酒標上也有衛兵的圖案。

酒精濃度：47度
750ml／1290日圓（不含稅、價格僅供參考）
生產國：英國
諮詢請洽：三得利烈酒Suntory Spirits

龐貝藍鑽特級琴酒（Bombay Sapphire）

遵循1761年的獨門配方至今，使用了多達10種植物原料。其製程獨樹一格，在蒸餾時讓烈酒蒸氣吸收植物香氣，並去除多餘的味道。其美麗的寶石藍酒瓶十分出名。

酒精濃度：47度
750ml／浮動價格
生產國：英國
諮詢請洽：日本百加得BACARDI JAPAN

普利茅斯琴酒（Plymouth）

1793年於英格蘭西南部的普利茅斯港創立。由於當地有海軍基地，所以便成為英國海軍最愛不釋手的琴酒，進而普及全球。該蒸餾廠也是目前英國仍在運作的琴酒蒸餾廠中歷史最悠久的一座。

酒精濃度：41.2度
700ml／浮動價格
生產國：英國
諮詢請洽：日本保樂力加Pernod Ricard Japan

坦奎瑞琴酒（Tanqueray）

1830年，查爾斯・坦奎瑞（Charles Tanqueray）創立了蒸餾廠。傳承至今的4次蒸餾製程與獨門配方，全球僅有6人知道。其瓶身非常有特色，做得很像雪克杯的樣子。

酒精濃度：47度
750ml／浮動價格
生產國：英國
諮詢請洽：麒麟啤酒

高登琴酒（Gordon's）

1769年，亞歷山大・高登（Alexander Gordon）創立了蒸餾廠。這間老牌公司於1858年調製出史上第一杯琴通寧，因此名聞遐邇。由於使用了大量杜松子，使高登琴酒具有非常豐厚的風味。

酒精濃度：40度
700ml／浮動價格
生產國：英國
諮詢請洽：麒麟啤酒

亨利爵士琴酒（Hendrick's）

少見的蘇格蘭琴酒。使用了11種植物原料，並加入小黃瓜跟保加利亞玫瑰花瓣的萃取成分，具有其他琴酒所沒有的華麗香氣，最大的特色是帶有小黃瓜的清爽香氣。

酒精濃度：44度
700ml／3600日圓（不含稅、價格僅供參考）
生產國：英國
諮詢請洽：三陽物產

以琴酒為基底的調酒
自杯口啟航
環遊世界一圈

不甜琴酒 … 40ml
薄荷利口酒（綠）… 10ml
鳳梨汁 … 10ml
薄荷櫻桃 … 1顆

雪克杯中放入冰塊與琴酒、薄荷利口酒、鳳梨汁，進行搖盪後倒入杯中，並以櫻桃裝飾。

Around the World

環遊世界

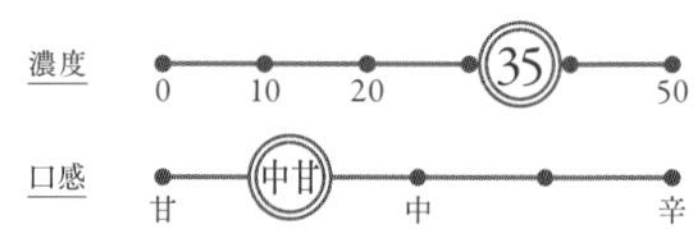

搖盪法／雞尾酒杯

口感俐落的琴酒、搭配清涼的薄荷香氣與鳳梨的酸甜，形成清爽的口感，但又有一股熱帶的風情。更棒的是剔透的綠色酒液十分美麗。據說這杯雞尾酒，是在紀念飛機繞行地球一圈的雞尾酒比賽中出現的優勝作品。

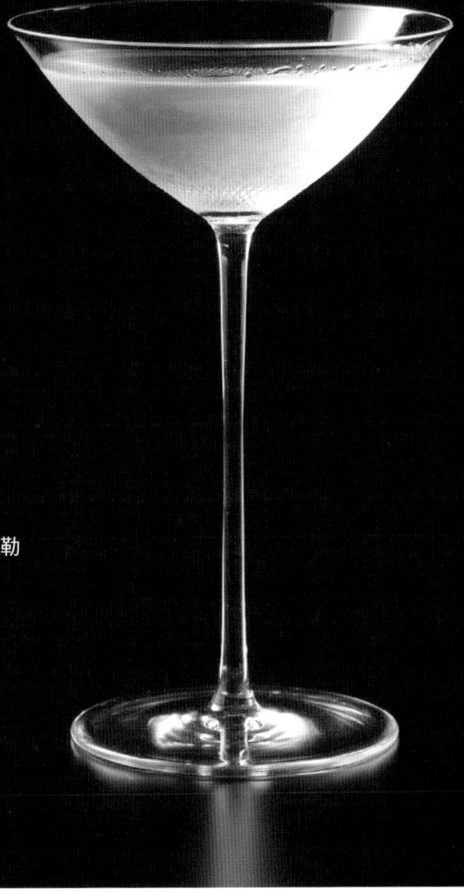

帶有藥草與蜂蜜
的豐富風味
屬於老饕的1杯酒

不甜琴酒 … 45ml
夏特勒茲（黃）… 15ml

攪拌杯中放入冰塊與琴酒、夏特勒茲，進行攪拌後倒入杯中。

Alaska

阿拉斯加

攪拌法／雞尾酒杯

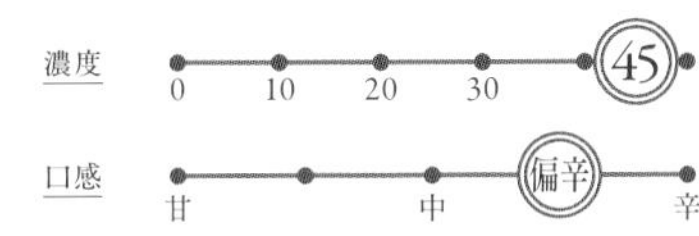

藥草利口酒夏特勒茲（黃）的蜂蜜風味、透明的金黃色美麗酒液，都十分引人入勝。這杯是倫敦知名飯店「薩伏伊（The Savoy）」的調酒師哈利・克拉多克（Harry Craddock）所創的經典調酒。若改用夏特勒茲（綠）的話就則變成「綠色阿拉斯加」。

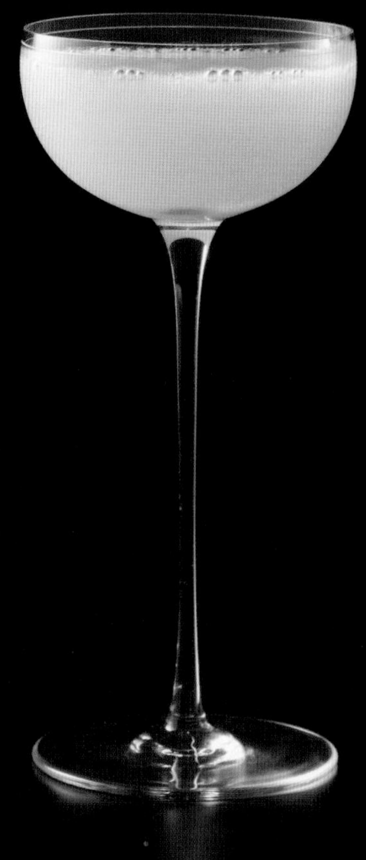

簡單卻能品嘗
到豐富水果味
的幸福雞尾酒

不甜琴酒 … 40ml
柳橙汁 … 20ml

雪克杯中放入冰塊與琴酒、柳橙汁，進行搖盪後倒入杯中。

Orange Blossom

橙花

搖盪法／雞尾酒杯

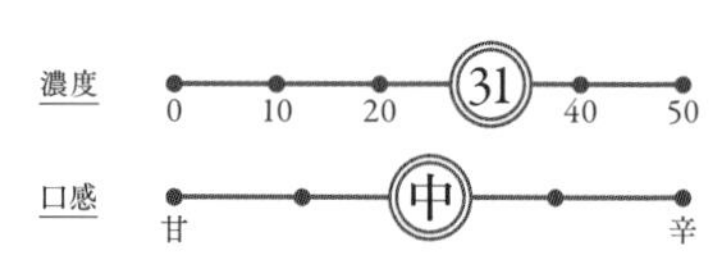

誕生於美國禁酒令時代。據說當初是為了掩蓋劣質琴酒的苦味、讓酒變得更好喝，所以才加入柳橙汁做成調酒。現在這杯酒已經變得更為清新，也具有更飽滿的果香。另外，橙花的花語是「純真」、「新娘的喜悅」，所以這杯酒經常出現在喜宴上作為餐前酒飲用。

可以同時享用到
水果的風味與
琴酒的嗆辣

不甜琴酒 … 40ml
瑪拉斯奇諾櫻桃酒 … 10ml
柑橘苦精 … 2 dash
檸檬汁 … 10ml

攪拌杯中放入冰塊與所有材料，
進行攪拌後倒入杯中。

Casino

賭場

攪拌法／雞尾酒杯

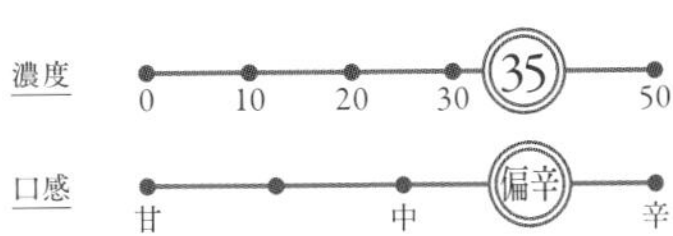

不甜琴酒強烈而銳利的風味，加入以櫻桃為原料製成的瑪拉斯奇諾櫻桃酒以及檸檬汁，增添了一股果香，形成一杯爽口的雞尾酒。由於這杯幾乎整杯都是琴酒，濃度也比較高一些，是一杯需要懂得自制的成熟人士才能品嘗的酒。

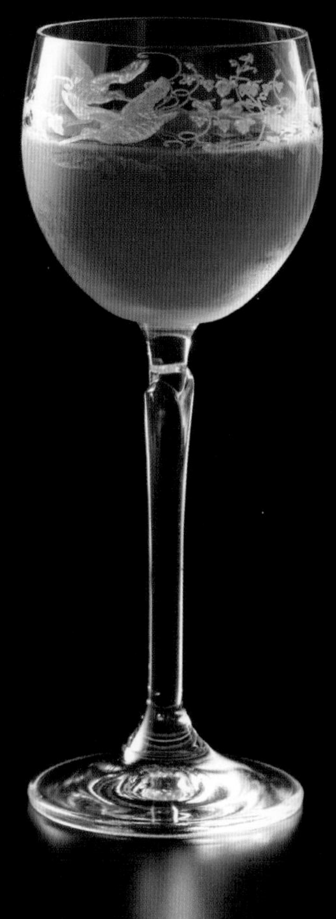

醇美的香氣與酒色
營造出浪漫的
夜晚氛圍

不甜琴酒 … 20ml
櫻桃白蘭地 … 20ml
不甜香艾酒 … 20ml

攪拌杯中放入冰塊與所有材料，進行攪拌後倒入杯中。

Kiss In The Dark

暗處幽吻

攪拌法／雞尾酒杯

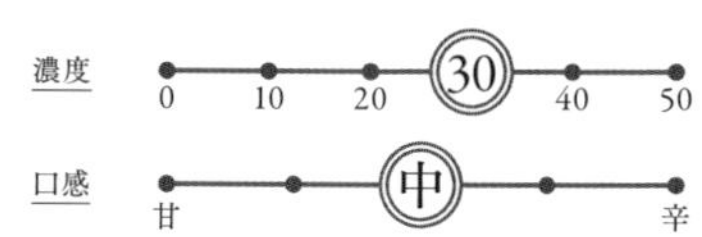

如同酒名「在黑暗中接吻」，櫻桃白蘭地的甜美芬芳與透出酒杯的豔紅色澤，替夜晚染上了一層羅曼蒂克的色彩。雖然口感很溫順，不過這杯算是成人的味道，只有能接受不甜琴酒與不甜香艾酒搭配的人方能享用。

杯底的珍珠
閃閃動人
辛辣的雞尾酒

不甜琴酒 … 50ml
不甜香艾酒 … 10ml
檸檬皮 … 適量
珍珠洋蔥 … 1顆

攪拌杯中放入冰塊與琴酒、香艾酒，進行攪拌後倒入杯中。噴附檸檬皮油，以酒叉插起珍珠洋蔥後沉入杯中。

Gibson

吉普森

攪拌法／雞尾酒杯

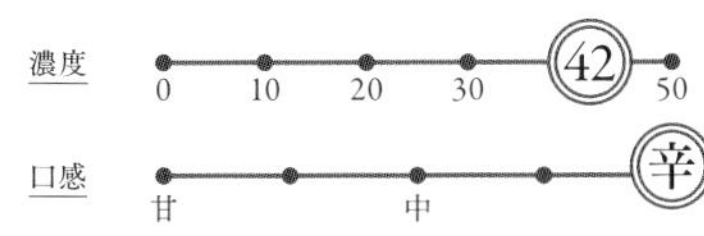

酒譜雖然和馬丁尼幾乎一樣，不過沉在杯底的裝飾物不是橄欖而是珍珠洋蔥。由於這杯的琴酒用量較多，所以成品口感也較為刺激。取作吉普森是由於19世紀末一名以女性人物畫聞名的插畫家，查爾斯・達納・吉普森（Charles Dana Gibson）非常喜歡喝這杯酒的關係。

出現在硬派風格
小說中的一杯
超知名雞尾酒

不甜琴酒 … 45ml
萊姆汁 … 15ml

將冰塊與琴酒、萊姆汁倒入雪克杯中，進行搖盪後倒入杯中。

Gimlet

琴蕾

搖盪法／雞尾酒杯

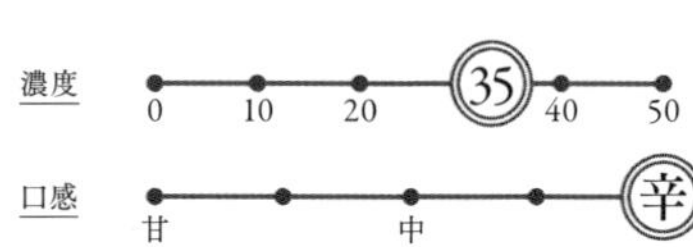

因瑞蒙・錢德勒的小說《漫長的告別》中有一句話：「現在喝琴蕾還太早了。」令這杯酒聲名大噪。據說這杯酒最早誕生於19世紀末左右，英國海軍的軍醫琴蕾特爵士（Sir Thomas Desmond Gimlette）主張用萊姆汁來降低琴酒濃度後飲用，後來發展成琴蕾。

令人聯想到藍寶石
的湛藍酒色
是兩人間愛情的證明

龐貝藍鑽特級琴酒 … 10ml
HQ漩渦香甜酒 … 20ml
葡萄柚汁 … 20ml
藍柑橘香甜酒 … 10ml

雪克杯中放入冰塊與所有材料，
進行搖盪後倒入杯中。

Sapphire Blue

藍寶石

搖盪法／雞尾酒杯

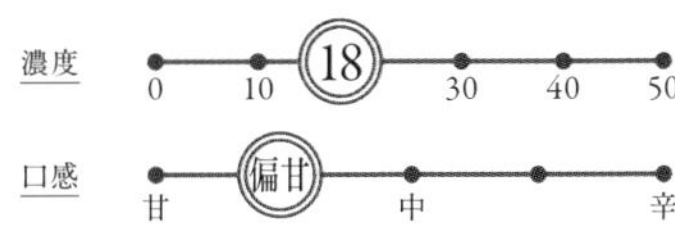

藍寶石代表了「慈愛」與「誠實」。HQ漩渦香甜酒和藍柑橘香甜酒的顏色，打造出亮麗的湛藍酒色，讓人聯想到兩人深深的愛情。這杯如珠寶般的雞尾酒適合戀人與夫婦飲用，彷彿點綴了兩人的亮麗人生。這杯酒為審定者渡邊一也先生的原創調酒。

馬丁尼的原點。
可以享受到
往昔的味道

不甜琴酒 … 30ml
甜香艾酒 … 30ml

依序將琴酒、香艾酒倒入杯中。

Gin & It

Gin & It

直調法／雞尾酒杯

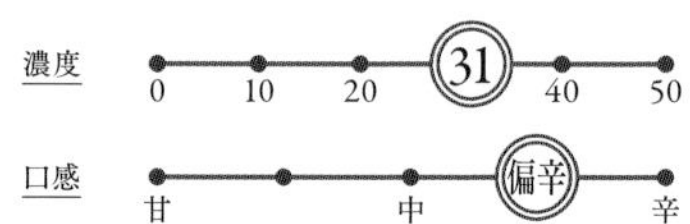

不甜琴酒和甜香艾酒的組合，是一杯非常早期風格的調酒，可以品嘗到柔和的甜味。據說馬丁尼的原型就是這一杯酒。由於這杯酒誕生於製冰機尚未出現的時代，所以不使用冰來調製也是這杯酒的特色。名稱中的「It」其實是義式香艾酒Italian Vermouth的縮寫，所以也有人稱這杯為「Gin Italian」。

源自新加坡。
廣受全球喜愛的
知名雞尾酒

A | 不甜琴酒 … 45ml
檸檬汁 … 20ml
糖漿 … 10ml

氣泡水 … 適量
櫻桃白蘭地 … 15ml
柳橙片 … 1/2片
檸檬片 … 1片
馬拉斯奇諾櫻桃 … 1顆

雪克杯中放入冰塊與A，進行搖盪後倒入加了冰塊的杯中。接著注入冰鎮的氣泡水後輕輕攪拌，最後以酒叉串起柳橙、檸檬、櫻桃後擺上裝飾。

Singapore Sling

新加坡司令

搖盪法／可林杯

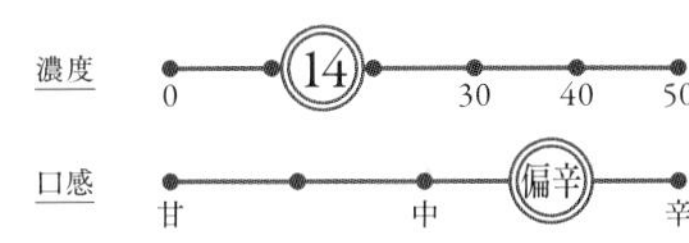

據傳為1915年誕生於新加坡萊佛士飯店（Raffles Hotel）的人氣雞尾酒。之後經倫敦知名飯店薩伏伊的哈利．克拉多克改良後，酒譜便固定成現在看到的版本。現在萊佛士飯店所提供的新加坡司令，已經變得更具有熱帶情調了。

簡單正是魅力所在
必喝經典調酒

不甜琴酒 … 45ml
通寧水 … 適量
萊姆 … 1/6切片

平底杯中放入冰塊與琴酒，進行攪拌後注入冰鎮的通寧水，最後以萊姆片裝飾。

Gin & Tonic
琴通寧
直調法／平底杯

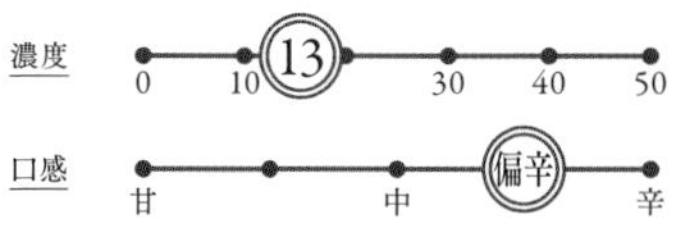

只有不甜琴酒加上通寧水。做法雖然簡單，但有了萊姆的酸味和通寧水微微的甜味，使整杯酒喝起來十分順口。

直接而強烈
暢快的口感

不甜琴酒 … 45ml
萊姆汁 … 5ml
薑汁汽水 … 適量
萊姆 … 1/6切片

平底杯中放入冰塊與琴酒、萊姆汁，再注入冰鎮的薑汁汽水，輕輕攪拌。最後擠壓萊姆後投入杯中。

Gin Buck
琴霸克
直調法／平底杯

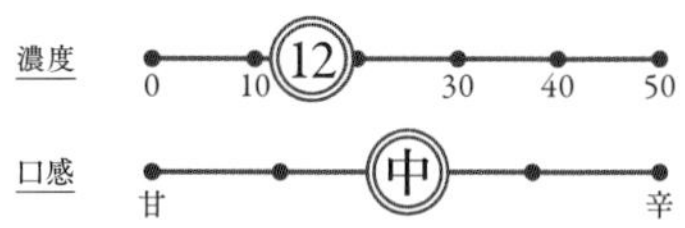

烈酒加萊姆汁與薑汁汽水的組合都稱作「Buck」。「Buck」也有「公鹿」的意思，味道直接而強烈，是非常爽口的一杯酒。

琴酒與氣泡水
構成清爽的口感

A｜不甜琴酒 … 45ml
｜檸檬汁 … 20ml
｜糖漿 … 10ml
氣泡水 … 適量
檸檬片 … 1片
馬拉斯奇諾櫻桃 … 1顆

雪克杯中放入冰塊與A，進行搖盪後倒入裝了冰塊的平底杯中。接著注入冰鎮的氣泡水，並放上檸檬與櫻桃裝飾。

Gin Fizz
琴費斯
搖盪法／平底杯

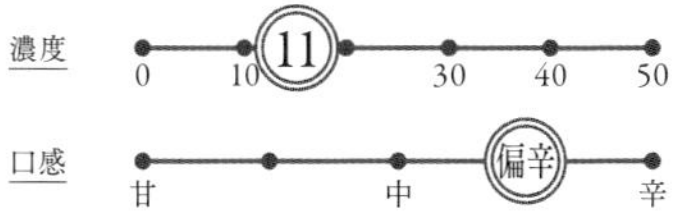

據說Fizz的名稱，源自於氣泡那種嗶嗶剝剝的聲音。這杯酒於1888年自美國紐奧良誕生，是Fizz家族中的代表。

萊姆與琴酒
的俐落口味

不甜琴酒 … 45ml
萊姆 … 1/2顆
氣泡水 … 適量

將萊姆汁擠入杯中後直接把萊姆投入，接著加入冰塊與琴酒，最後注入冰鎮的氣泡水，輕輕攪拌。

Gin Rickey
琴瑞奇
直調法／平底杯

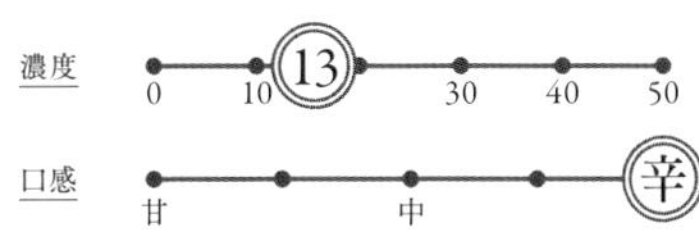

「Rickey」是在烈酒中加入萊姆果肉與氣泡水所調成的雞尾酒類型。不僅發揮出新鮮萊姆的風味，也可以享受到毫無甜味的俐落口感。

迷人的甘甜風味
適合情侶一同享用
的熱情雞尾酒

不甜琴酒 … 25ml
不甜香艾酒 … 10ml
甜香艾酒 … 10ml
棕色柑橘香甜酒 … 5ml
柳橙汁 … 10ml

雪克杯中放入冰塊與所有材料，進行搖盪後倒入杯中。

Tango

探戈

搖盪法／雞尾酒杯

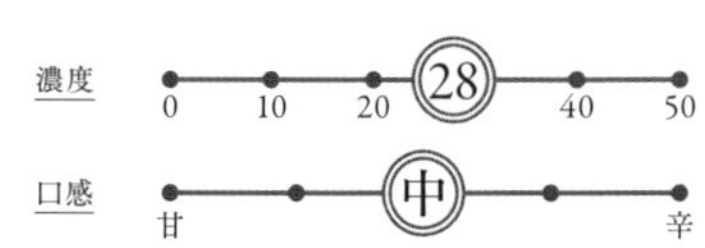

1923年，巴黎「Harry's New York Bar」的調酒師哈利・麥克艾爾宏（Harry MacElhone）所發表的雞尾酒。如同探戈這個名稱一樣，是既熱情又甜美的一杯酒。以不甜琴酒為基底，並同時使用不甜香艾酒與甜香艾酒，口味非常均衡，最後再用柳橙的風味包起整杯酒。

享受可林杯裡
滿滿的
清爽雞尾酒

老湯姆琴酒 … 45ml
檸檬汁 … 20ml
糖漿 … 10ml
氣泡水 … 適量
檸檬片 … 1片
柳橙片 … 1片
馬拉斯奇諾櫻桃 … 1顆

杯中放入冰塊與琴酒、檸檬汁、糖漿，進行攪拌後注入冰鎮的氣泡水，以檸檬、柳橙、櫻桃來裝飾。

Tom Collins

湯姆柯林斯

直調法／可林杯

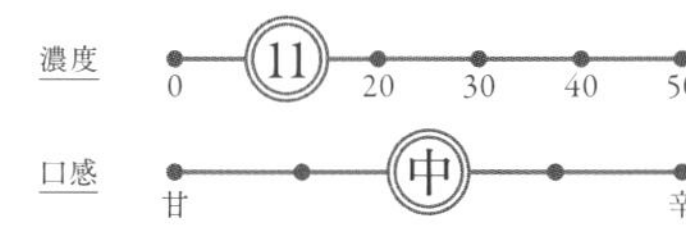

以檸檬汁和氣泡水來兌琴酒所調成的一杯清爽型雞尾酒。這杯酒是19世紀中葉，由英國一位名叫約翰．柯林（John Collins）的調酒師所創。當初他雖然以自己的名字替酒取作「John Collins」，不過後來基酒換成老湯姆琴酒，名字也改成「Tom Collins」。高高的可林杯裡裝滿了酒水。

3種特色
交纏難分
成熟的味道

不甜琴酒 … 20ml
金巴利 … 20ml
甜香艾酒 … 20ml
柳橙皮卷 … 適量

杯中放入冰塊，加入琴酒、金巴利、香艾酒後進行攪拌，最後扭轉柳橙皮卷後放上裝飾。

Negroni

內格羅尼

直調法／古典杯

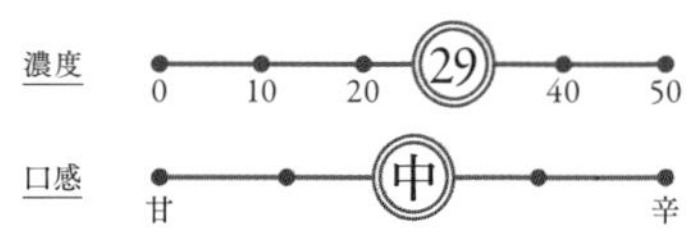

佛羅倫斯一間餐廳「Caffē Casoni」的常客卡米洛．內格羅尼伯爵（Count Camillo Negroni）喜愛的一杯餐前雞尾酒。該店調酒師經過伯爵同意，於1962年公開發表了這杯酒。琴酒、甜香艾酒、金巴利的組合充滿了特色，是一杯既苦又甜、味道複雜的酒。

美麗的色彩與
柔和的風味
邀你前往「天堂」

不甜琴酒 … 30ml
杏桃白蘭地 … 15ml
柳橙汁 … 15ml
馬拉斯奇諾櫻桃 … 1顆

雪克杯中放入冰塊與琴酒、杏桃白蘭地與柳橙汁，進行搖盪後倒入杯中。最後投入櫻桃。

Paradise

天堂

搖盪法／雞尾酒杯

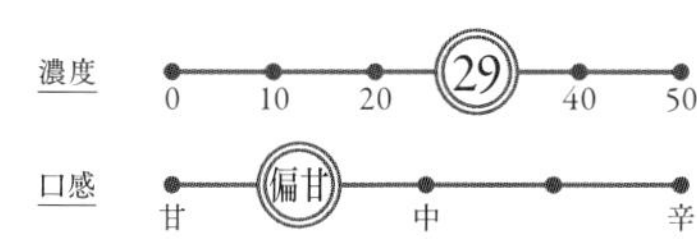

杏桃醇厚的香氣和柳橙汁非常搭調，柔和且優美的橘黃色，完全符合「天堂」這個名字，是一杯口味偏甜的雞尾酒。如果不喜歡太甜的話，可以稍微增加不甜琴酒的分量。

香氣高雅的雞尾酒
十分符合酒液
神秘的淡紫色

不甜琴酒 … 30ml
紫羅蘭利口酒 … 15ml
檸檬汁 … 15ml
檸檬皮 … 適量

雪克杯中放入冰塊與琴酒、紫羅蘭利口酒、檸檬汁，進行搖盪後倒入杯中。噴附檸檬皮油後投入裝飾。

Blue Moon

藍月

搖盪法／雞尾酒杯

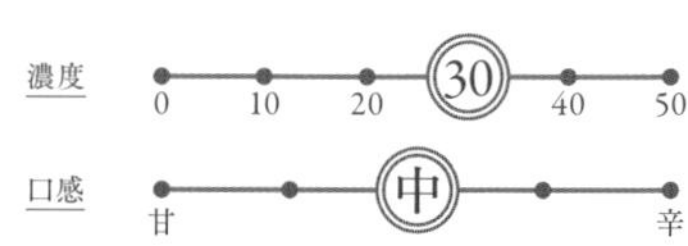

「藍月」，懸疑感十足的名稱。以紫羅蘭為原料製成的紫羅蘭香甜酒，替這杯酒帶來了神秘的淡紫色。這杯酒的香氣雖然如外觀一樣妖豔誘人，不過不甜琴酒和檸檬的組合，創造出意外清爽的口感。

外觀優雅
名稱粗暴
的一杯酒

不甜琴酒 … 45ml
檸檬汁 … 20ml
糖漿 … 1 tsp.
香檳 … 適量

雪克杯中放入冰塊與琴酒、檸檬汁、糖漿，進行搖盪後倒入杯中。最後注滿香檳。

French 75

法式75釐米砲

搖盪法／香檳杯

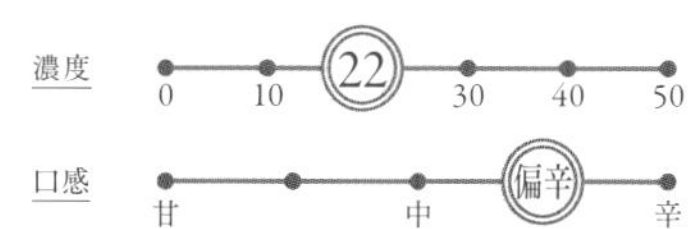

這杯酒的名稱與琴酒和香檳的優雅性質完全不合，是以第一次世界大戰中法軍所使用的75mm口徑大砲來命名。後來也衍生出一些變化，如將不甜琴酒更換成波本威士忌則稱作「法式95釐米砲」、換成白蘭地則稱作「法式125釐米砲」。

帶有花的芬芳
與美麗色彩變化
的雞尾酒

A | 龐貝藍鑽特級琴酒 … 10ml
接骨木花利口酒 … 20ml
葡萄柚汁 … 30ml

紅石榴糖漿 … 1 tsp.
藍柑橘香甜酒 … 1 tsp.
薄荷葉 … 適量

杯中輕輕倒入紅石榴糖漿，接著放入少許碎冰，然後再慢慢加入藍柑橘香甜酒來製造分層。將冰塊與A放入雪克杯中，進行搖盪後倒入杯中，並以薄荷葉裝飾。

Floral Jewel

鮮花寶石

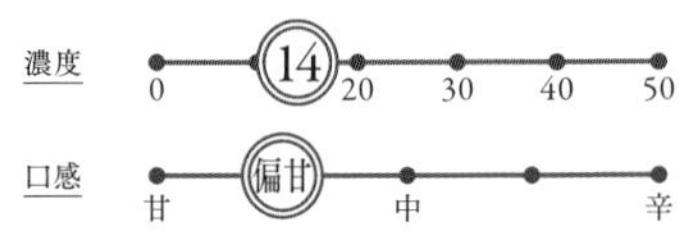

搖盪法／香檳杯

由本書審定者渡邊一也先生所創，是一杯在杯中呈現出花的芬芳與珠寶色彩的雞尾酒。從香檳杯底部開始，紅石榴糖漿亮眼的紅，往上漸漸轉成藍柑橘香甜酒的藍，最後又變成帶有一點黃色的白，色彩十分繽紛。

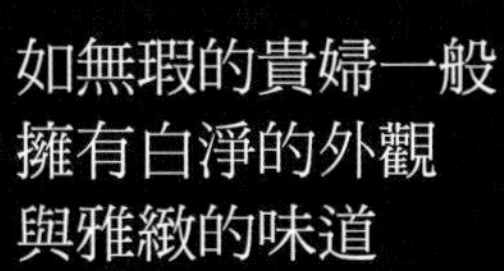

不甜琴酒 … 30ml
白柑橘香甜酒 … 15ml
檸檬汁 … 15ml

雪克杯中放入冰塊與所有材料，
進行搖盪後倒入杯中。

White Lady

白色佳人

搖盪法／雞尾酒杯

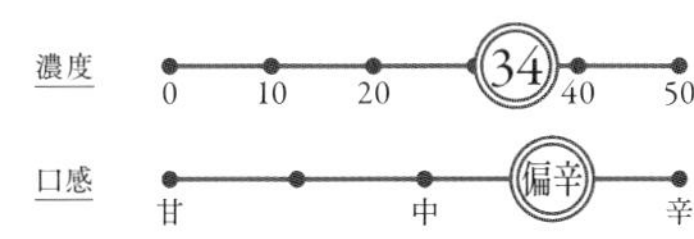

清晰的乳白色外觀與清新的口味，十分符合「白色佳人」這個名稱。琴酒與白柑橘香甜酒、檸檬汁的組合雖然簡單，不過酸甜感達到非常好的平衡。如果將琴酒換成白蘭地則會變成「側車」，所以這杯也有「琴側車」的別名。

擁獲全世界支持的
雞尾酒之王
酒譜千變萬化

不甜琴酒 … 50ml
不甜香艾酒 … 10ml
紅心橄欖 … 1顆

攪拌杯中放入冰塊與琴酒、不甜香艾酒，進行攪拌後倒入杯中。最後以酒叉插起橄欖放入裝飾。

Martini

馬丁尼

攪拌法／雞尾酒杯

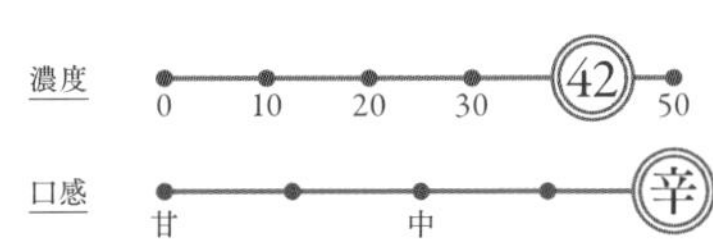

辛辣口感雞尾酒中最具代表性的一杯，同時也有「雞尾酒之王」的稱呼。雖然材料十分簡單，只使用了琴酒和香艾酒，但每個人所下的功夫都不同，所以也出現了各式各樣的酒譜與變化型調酒。而馬丁尼的味道也隨著時代改變，變得越來越辛辣。現在基本上調製馬丁尼時，都是使用不甜香艾酒。

一杯雞尾酒
呈現出成年人
心不由己的戀情

不甜琴酒 … 20ml
杏仁香甜酒 … 10ml
葡萄柚汁 … 30ml
紅石榴糖漿 … 1 tsp.
柳橙皮 … 1片

雪克杯中放入冰塊與所有材料，進行搖盪後倒入杯中。噴附柳橙皮油，讓香氣灑落液面。

Marionette

牽線木偶

搖盪法／雞尾酒杯

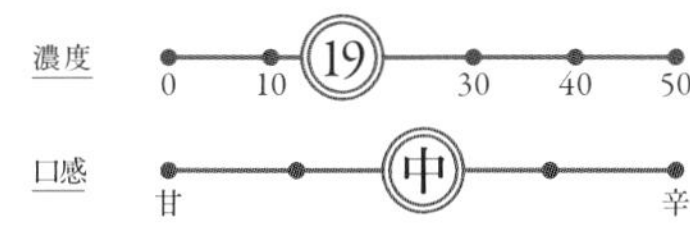

本書審定者渡邊一也先生的原創調酒。1985年「第14屆H.B.A.原創調酒大賽」，初次參賽便以此作奪下第二名。以大人那彷彿人偶受人擺布般、不聽使喚的愛戀之情為意象，創造出這杯既酸甜又帶有點苦味的雞尾酒。而象徵愛情的杏仁香甜酒，會在你心中留下淡淡的戀愛滋味。

〔馬丁尼衍生調酒〕

高登琴酒 … 90ml
伏特加 … 30ml
白麗葉酒 … 10ml
檸檬皮卷 … 適量

雪克杯中放入冰塊與琴酒、伏特加、白麗葉酒，進行搖盪後倒入大型杯中。扭轉檸檬皮卷後投入酒中。

Bond Martini

龐德馬丁尼（薇絲朋）

搖盪法／雞尾酒杯

濃度 43　口感 辛

電影《007皇家夜總會》中詹姆士龐德的「獨門馬丁尼」，是以琴酒、伏特加、白麗葉酒來調製。

不甜琴酒 … 30ml
多寶力 … 20ml
瑪拉斯奇諾櫻桃酒 … 10ml
檸檬皮卷 … 適量

雪克杯中放入冰塊與琴酒、多寶力、瑪拉斯奇諾櫻桃酒，進行搖盪後倒入杯中。最後扭轉檸檬皮卷後投入酒中。

Opera Martini

歌劇馬丁尼

搖盪法／雞尾酒杯

濃度 32　口感 中

以不甜琴酒和紅酒再製而成的多寶力所調製的馬丁尼。在不甜琴酒銳利的口感之下，還能隱隱喝到一絲甜美的熱情。

Fruit Martini
水果馬丁尼
搖盪法／雞尾酒杯

濃度 

口感 

以新鮮果汁來代替不甜香艾酒的馬丁尼。新鮮水果特有的鮮明味道和香氣十分清爽。

不甜琴酒 … 50ml
水果（本譜使用西洋梨）… 1/4顆
糖漿 … 1 tsp.
裝飾用水果（本譜使用西洋梨）… 適量

雪克杯中放入去皮並切塊的西洋梨，以搗棒搗碎。加入琴酒、糖漿進行搖盪後倒入杯中。接著放上裝飾用的水果。

Smoky Martini
煙燻馬丁尼
攪拌法／雞尾酒杯

濃度 

口感 

不甜的琴酒結合蘇格蘭威士忌，呈現出帶有特殊煙燻香的馬丁尼。口感雖然強烈，但味道很有深度，是非常成熟的口味。

不甜琴酒 … 45ml
蘇格蘭威士忌 … 15ml

攪拌杯中放入冰塊與琴酒、威士忌，進行攪拌後倒入杯中。

雞尾酒的主要類型

長飲型（p.180）雞尾酒可以區分成幾種類型，而每種類型的名稱，通常都會出現在那杯雞尾酒的酒名之中。所以了解各種類型，對於我們在點酒時也很有幫助。

酷樂（Cooler）

基酒加上檸檬或萊姆等柑橘類以及甜味，並用碳酸飲料加滿的飲品。口感十分清爽。

葡萄酒酷樂 >> p.175

柯林斯（Collins）

烈酒加入檸檬汁與糖漿或砂糖，並以氣泡水加滿製成的飲品。

湯姆柯林斯 >> p.33

酸酒（Sour）

烈酒加上檸檬汁與糖漿或砂糖，搖盪後製成的飲品。不使用碳酸飲料。

威士忌酸酒 >> p.103

茱莉普（Julep）

酒加上薄荷葉、砂糖、滿滿的碎冰，一面搗碎薄荷葉一面飲用。

薄荷茱莉普 >> p.115

司令（Sling）

原本是烈酒加上檸檬汁與甜味，並兑以冰水或熱水，不過現在則和費斯一樣使用氣泡水。

新加坡司令 >> p.29

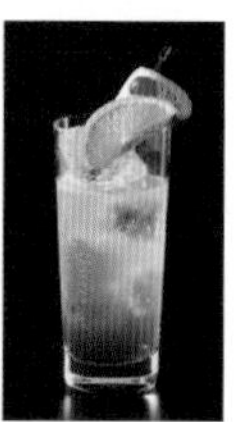

蘇打（Highball）

用碳酸飲料來兑酒。日本的Highball大多指的是威士忌蘇打。

威士忌蘇打 >> p.104

霸克（Buck）

烈酒中加入果肉與果汁，並加滿薑汁汽水的飲品。

琴霸克 >> p.30

費斯（Fizz）

烈酒或利口酒中加入果汁和糖漿後先經過搖盪，再加入氣泡水製成的飲品。

紫羅蘭費斯 >> p.157

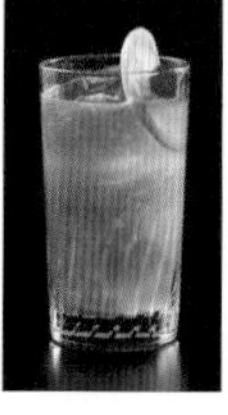

霜凍（Frozen）

將碎冰與酒混合打碎後作成雪酪狀的成品。

霜凍黛綺莉 >> p.78

瑞奇（Rickey）

烈酒中加入萊姆切塊，並加滿氣泡水製成的飲品。要一面擠壓果肉一面喝。

琴瑞奇 >> p.31

Vodka Cocktail

以伏特加為基底的調酒

伏特加——Vodka

伏特加是款歷史悠久的烈酒，據說11～12世紀，俄羅斯和東歐地區就已經開始飲用伏特加了。伏特加還只是東歐地區當地特產酒款時，大家稱之為「Zhizennia Voda（生命之水）」，推測應該是將裸麥發酵而成的啤酒或是蜂蜜酒拿去蒸餾後所製成的原始烈酒。

之後到了18世紀，人們自新大陸帶回玉米和馬鈴薯，於是伏特加也改以這些作物為原料製作。而1810年，聖彼得堡的藥師安德烈．阿爾巴諾夫（Andrey Albanov）發現了白樺碳的活化作用，成為日後伏特加過濾技術的基礎。

進入19世紀後半後，由於引進連續式蒸餾器，蒸餾出來的酒液雜質少、味道乾淨，現代伏特加的基本型態於焉完成。伏特加就像這樣經過積年累月的千錘百鍊，到了20世紀後開始傳到歐洲各地與美國，並成為雞尾酒的基酒，拓展到全世界。

伏特加的種類

伏特加主要分成原味伏特加和調味伏特加2種。原味伏特加就是我們一般說的伏特加，透明無色且幾乎喝不出原料的香味，因此可說是製作雞尾酒時最理想的基底烈酒。

而調味伏特加則會用水果或香草來添加香氣，每種都帶有自己的個性，多於俄羅斯和波蘭這些以純飲為主的地區生產。伏特加在北歐各國也非常受歡迎，瑞典和芬蘭大約從16世紀開始製作伏特加，而美國則大多生產用來調製雞尾酒的原味伏特加。

俄羅斯伏特加

不僅生產原味伏特加，也生產調味伏特加，擁有伏特加發源地特有的多樣種類。由於當地人們多在嚴寒的環境下飲酒，所以俄羅斯伏特加的酒精度數有很多都超過50度。

波蘭伏特加

使用當地特產裸麥來製作的伏特加。波蘭伏特加幾乎都是由「POLMOS」集團所生產。除了原味，波蘭也生產不少調味伏特加，其中帶有淡淡野牛草香甜氣味的野牛草伏特加更是全球知名的伏特加。

美國伏特加

從伏特加作為雞尾酒基酒開始迅速流傳開來的年代，美國便開始製作透明無味的原味伏特加。年生產量十分可觀，現在已經超越俄羅斯成為世界第一。

北歐伏特加

從很久以前開始，伏特加對瑞典和芬蘭就是當地的特色酒品，和俄羅斯、波蘭合稱為「伏特加生產帶（Vodka belt）」。北歐地區主要使用大麥和馬鈴薯為原料來生產原味伏特加。

各式各樣的伏特加

思美洛（Smirnoff）

1864年，皮奧托・A・斯美洛夫（Pyotr Arsen-jevitch Smirnov）於俄羅斯所創的伏特加。思美洛先是成為俄羅斯皇室御用的伏特加，後也拓展到全世界。清澈的口味是它最大的特徵，和任何材料混合都不衝突，非常適合調製雞尾酒。

酒精濃度：40度　750ml／浮動價格
生產國：韓國　諮詢請洽：麒麟啤酒

蘇托力伏特加（Stolichnaya）

蘇托力是「首都」的意思，而這支伏特加也確實是1901年於莫斯科誕生。以俄羅斯產的小麥、富含礦物質的天然水源來製作，是一支堅持俄羅斯傳統製法的伏特加。

酒精濃度：40度
750ml／1370日圓（不含稅、價格僅供參考）
生產國：拉脫維亞
諮詢請洽：朝日啤酒

威金森伏特加（Wilkinson）

經過長時間白樺碳過濾，展現出純淨味道的伏特加。

酒精濃度：40度
720ml／870日圓（不含稅、價格僅供參考）
生產國：日本
諮詢請洽：朝日啤酒

野牛草伏特加（Żubrōwka）

使用了波蘭境內列入世界遺產的森林中所採集的野牛草（Bison grass）來浸泡酒液製成。這支的特色是帶有一點類似青蘋果和櫻餅的風味，而且每一支酒裡面，都以人工方式放入一根野牛草。

酒精濃度：40度
700ml／1300日圓（不含稅、價格僅供參考）
生產國：波蘭
諮詢請洽：三得利烈酒Suntory Spirits

晴空伏特加（Skyy）

美國生產的伏特加，以加州藍天為意象打造出的鈷藍色酒瓶十分出名。經過4次蒸餾與3次過濾，味道十分乾淨，適合調製雞尾酒。

酒精濃度：40度
750ml／1180日圓（不含稅、價格僅供參考）
生產國：美國
諮詢請洽：三得利烈酒Suntory Spirits

灰雁伏特加（Grey Goose）

1997年誕生於法國，隔年在堪稱最嚴格的烈酒比賽中獲得極高分數。使用法國產優質小麥和干邑區的天然水源作為原料，經過5階段蒸餾精粹而成。

酒精濃度：40度
700ml／浮動價格
生產國：法國
諮詢請洽：日本百加得BACARDI JAPAN

以伏特加為基底的調酒
高級甜點般濃厚的味道
引你前往「世外桃源」

A | 芬蘭伏特加 … 20ml
咖啡利口酒 … 10ml
哈密瓜利口酒 … 10ml
鮮奶油 … 20ml
蛋黃 … 1顆

巧克力薄片 … 適量
薄荷葉 … 適量

雪克杯中放入A與冰塊，充分搖盪後倒入雞尾酒杯中。最後放上巧克力和薄荷葉裝飾。

Arcadia

亞凱迪亞

搖盪法／雞尾酒杯

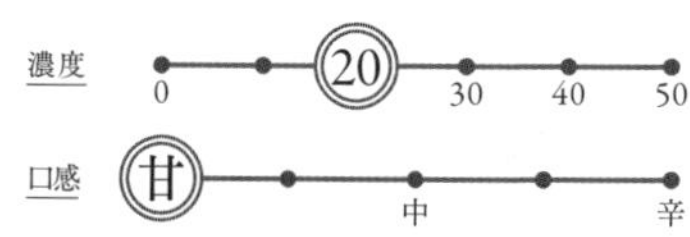

亞凱迪亞是希臘的一個地名，自古以來就是世外桃源的代名詞。使用了甜味的利口酒，加上鮮奶油與蛋黃來打造出濃郁的口感，這既甜美又豐富的味道，讓人彷彿真的來到世外桃源一般，飄飄欲仙。

望著杯中的
一塊冰山
享用伏特加

伏特加 … 60ml
佩諾茴香酒 … 1 dash

杯中放入一顆大冰塊，接著加入伏特加與佩諾茴香酒，輕輕攪拌。

Vodka Iceberg

伏特加冰山

攪拌法／古典杯

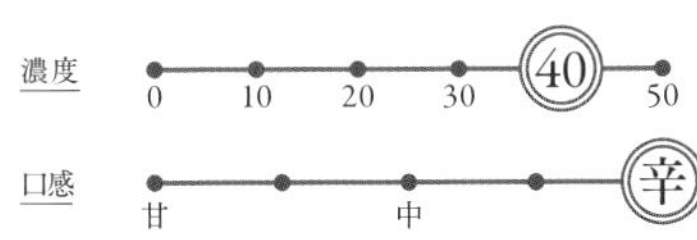

只是在伏特加中加入茴香酒的香氣，幾乎等於純飲伏特加的一杯調酒。不過佩諾茴香酒的藥草香氣十分獨特，很有存在感。「Iceberg」即是「冰山」的意思。杯中放著的巨大冰塊，宛如一座海上的冰山，讓人對這杯雞尾酒帶有無限遐想。

誕生自美國
乾淨俐落的
爽口雞尾酒

伏特加 … 20ml
白柑橘香甜酒 … 20ml
萊姆汁 … 20ml

雪克杯中放入冰塊與所有材料，進行搖盪後倒入裝著冰塊的杯中。

Kamikaze

神風特攻隊

搖盪法／古典杯

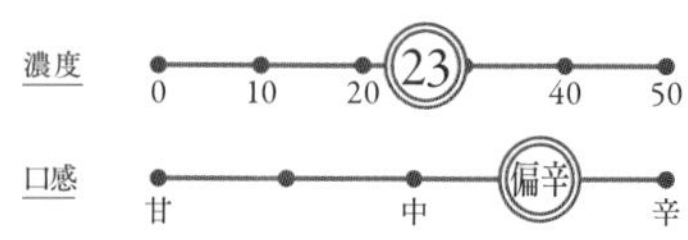

這杯雞尾酒的名稱，雖然源自於第二次世界大戰時期的日本戰鬥機，不過卻不是日本發明，而是美國發明的，這點很特別。俐落且辛辣的伏特加搭配白柑橘香甜酒的苦味與萊姆汁的酸味，創造出一杯乾淨俐落、口感清爽的雞尾酒。

充滿果香的一杯酒
令人聯想到
未知的果實

伏特加 … 30ml
蜜桃利口酒 … 20ml
藍柑橘香甜酒 … 10ml
葡萄柚汁 … 50ml
鳳梨汁 … 10ml

雪克杯中放入冰塊與所有材料，進行搖盪後倒入裝了冰塊的杯中。

Gulf Stream

墨西哥灣流

搖盪法／古典杯

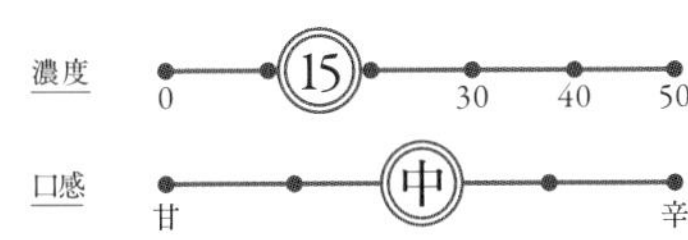

不知道該算綠還是算藍的顏色饒富趣味，看起來很酷，至於味道則充滿了果香。蜜桃利口酒和葡萄柚汁、鳳梨汁融合得恰到好處，整杯酒洋溢著一股未知果實般的味道。「Gulf Stream」就是墨西哥灣流的意思，是一杯可以輕鬆享用的雞尾酒。

品嘗酸酸甜甜
又熱情如火的
激吻滋味

伏特加 … 20ml
野莓琴酒 … 20ml
不甜香艾酒 … 20ml
檸檬汁 … 1 tsp.
砂糖 … 適量

雪克杯中放入冰塊以及砂糖之外的所有材料後進行搖盪，接著倒入糖口雪花杯中。

Kiss of Fire

火焰之吻

搖盪法／雞尾酒杯

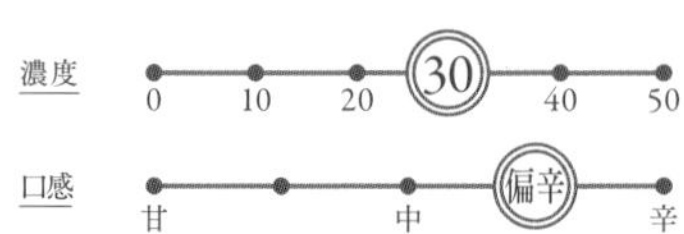

這杯雞尾酒是1953年第五屆全日本飲料大賽中，石岡賢司先生拿下優勝的作品。其名稱源自路易・阿姆斯壯（Louis Armstrong）所演唱的經典爵士名曲。沾了砂糖的雪花杯，讓人一喝便被那熱情的酸甜感給魅惑。

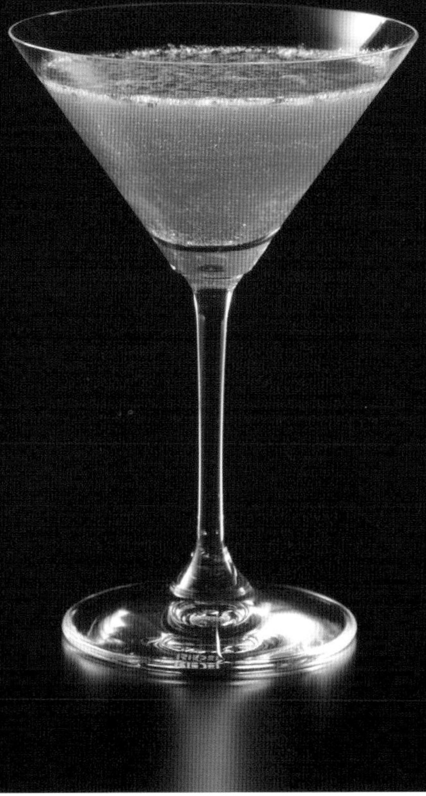

時髦地享受
人氣雞尾酒

伏特加 … 20ml
白柑橘香甜酒 … 10ml
蔓越莓汁 … 20ml
萊姆汁 … 10ml

雪克杯中放入冰塊與所有材料，
進行搖盪後倒入杯中。

Cosmopolitan

柯夢波丹

搖盪法／雞尾酒杯

濃度：20（0 — 20 — 40 — 50）

口感：中（甘 — 辛）

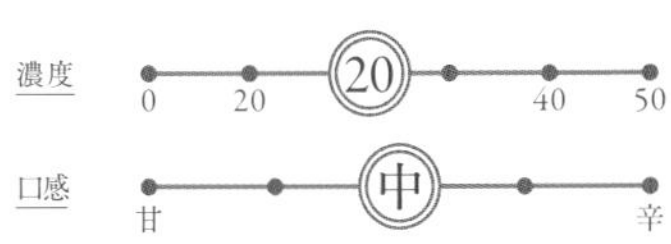

席捲全美的影集《慾望城市》中的主角群總是在喝這一杯雞尾酒。《慾望城市》的戲劇與電影也有在日本上映，因此這杯酒便隨之打開在日本的知名度。這是一杯不僅能品嘗到果香與酸甜感，還兼具時髦感的雞尾酒。

清爽暢快的
水果雞尾酒

伏特加 … 30ml
蔓越莓汁 … 45ml
葡萄柚汁 … 45ml

雪克杯中放入冰塊與所有材料，進行搖盪後倒入加了冰塊的杯中。

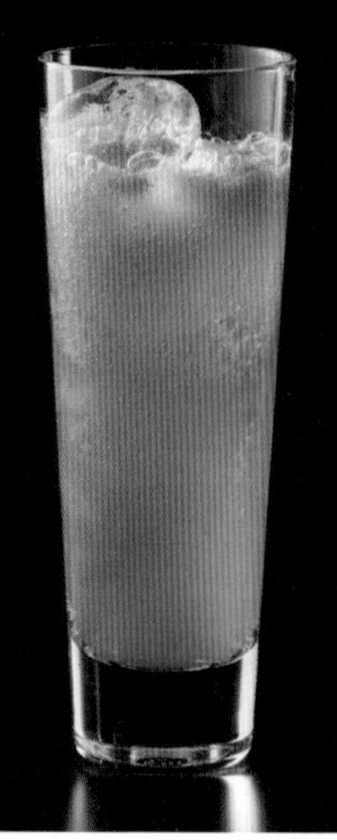

Sea Breeze

海上微風

搖盪法／可林杯

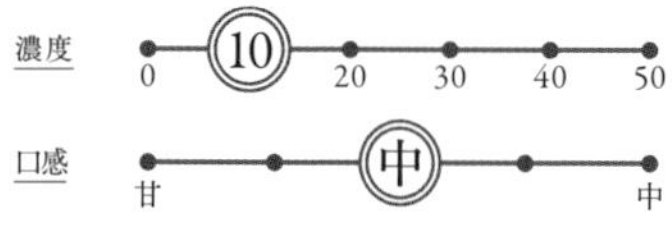

誕生於美國西岸的雞尾酒。因混合了葡萄柚汁和蔓越莓汁，味道酸得十分舒服，讓人彷彿感覺受到「海上微風」的吹拂。

因口感溫順
而受歡迎的雞尾酒

伏特加 … 45ml
柳橙汁 … 適量
柳橙片 … 1/2片

平底杯中放入冰塊與伏特加，加滿柳橙汁後攪拌。最後用柳橙片裝飾，並附上攪拌棒。

Screw Driver

螺絲起子

直調法／平底杯

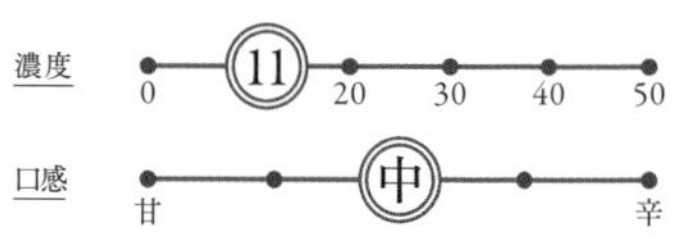

因為過去伊朗的採油工會用「螺絲起子」來攪拌伏特加和柳橙汁後飲用，所以才取名作螺絲起子。這杯酒沒有什麼奇怪的味道，喝起來十分順口。

強而有力的
辛辣雞尾酒

伏特加 … 45ml
萊姆汁 … 15ml

雪克杯中放入冰塊與所有材料，進行搖盪後倒入杯中。

Sledge Hammer
大榔頭
搖盪法／雞尾酒杯

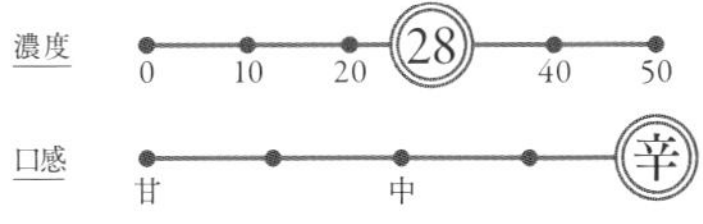

取名為「大榔頭」是由於這杯酒是將琴蕾的基酒換成伏特加，味道會更加直接而辛辣，再加上酒精濃度也高，喝起來真的會有受到大榔頭直擊的感覺。

水果的香甜
平衡恰到好處

伏特加 … 15ml　鳳梨汁 … 80ml
哈密瓜利口酒 … 20ml
覆盆子利口酒 … 10ml

雪克杯中放入冰塊與所有材料，進行搖盪後倒入裝了冰塊的杯中。也可以不經過搖盪，直接在杯中攪拌。可依喜好裝飾一朵蘭花。

Sex on the Beach
性感海灘
搖盪法／可林杯

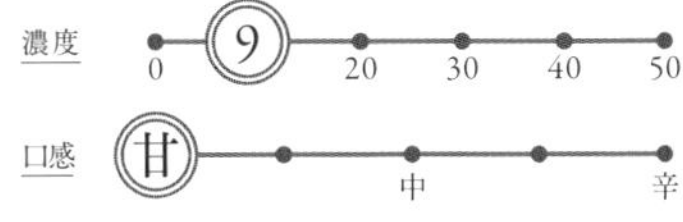

於電影《雞尾酒》中出現的一杯酒，在日本也十分常見。哈密瓜和覆盆子的香氣與鳳梨汁的甜味達到平衡，非常好喝。

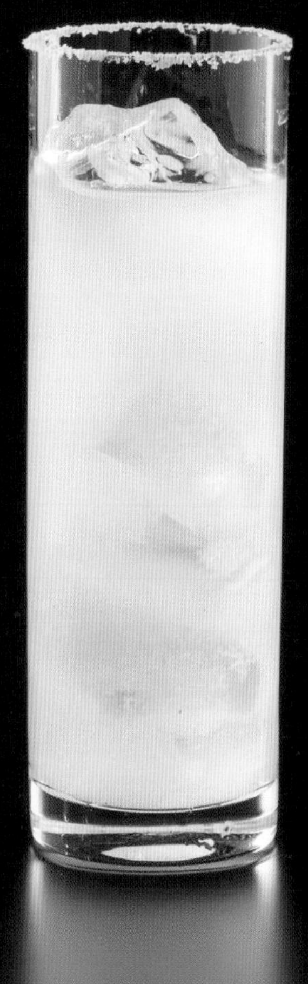

因雪花杯型態
而風行一時
的經典雞尾酒

伏特加 … 30～45ml
葡萄柚汁 … 適量
鹽 … 適量

做好鹽口雪花杯後，放入冰塊、伏特加、葡萄柚汁，進行攪拌。

Salty Dog
鹹狗
直調法／可林杯

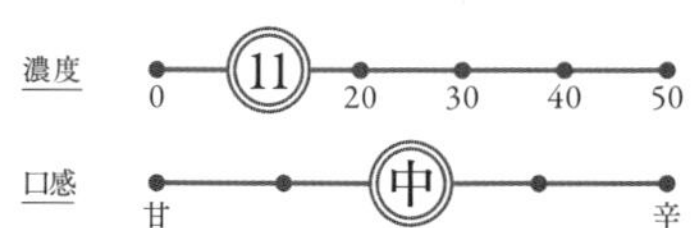

「Salty Dog」是英國船員間對「船員」的戲稱。杯口的鹽雪花、葡萄柚的清新香氣與伏特加十分搭調，是一杯非常受歡迎的經典雞尾酒。聽說英國人當初發明時，是以琴酒作為基酒。

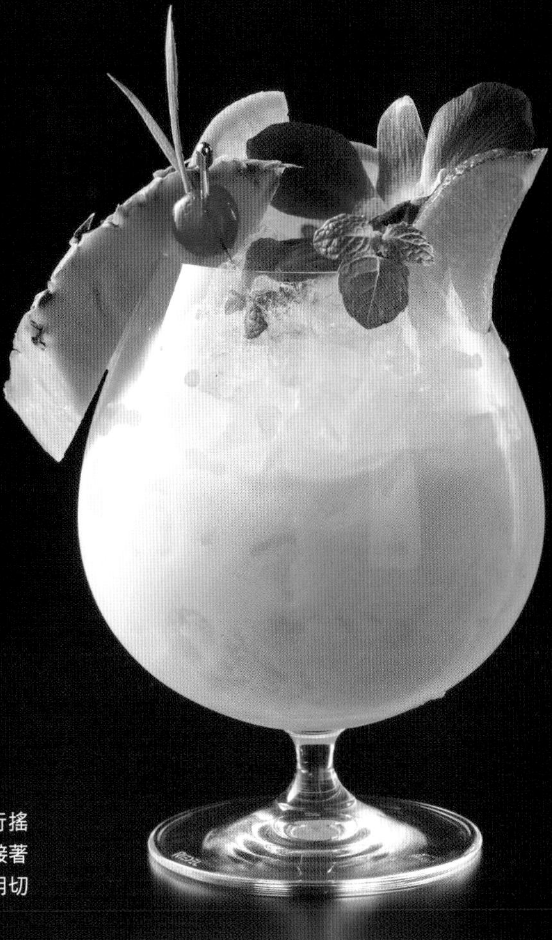

南國氣氛滿溢
誕生自夏威夷的
雞尾酒

A | 伏特加 … 30ml
| 鳳梨汁 … 80ml
| 椰奶 … 45ml

馬拉斯奇諾櫻桃 … 1顆
鳳梨、柳橙等水果 … 各適量
薄荷葉、鳳梨葉、蘭花
… 各適量

雪克杯中放入冰塊與A，進行搖盪後倒入裝滿碎冰的杯中。接著放上水果、花、薄荷葉、並用切細的鳳梨葉插起櫻桃裝飾。

Chi-Chi

奇奇

搖盪法／高腳杯

濃度 0 (8) 20 30 40 50

口感 (甘) 中 辛

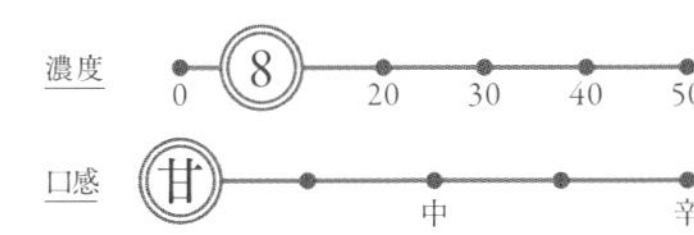

誕生自夏威夷的經典熱帶調酒。「Chi-Chi」是美國俗語中「瀟灑」、「帥氣」的意思。鳳梨汁和椰奶帶來的乳感十分綿密，再裝飾上水果和花，整杯看起來就變得很華麗，且帶有更多南國風情。

以樂器名稱命名的
清爽型雞尾酒

伏特加 … 30ml　檸檬汁 … 15ml
白柑橘香甜酒 … 15ml

雪克杯中放入冰塊與所有材料，進行搖盪後倒入杯中。

Balalaika
俄羅斯吉他
搖盪法／雞尾酒杯

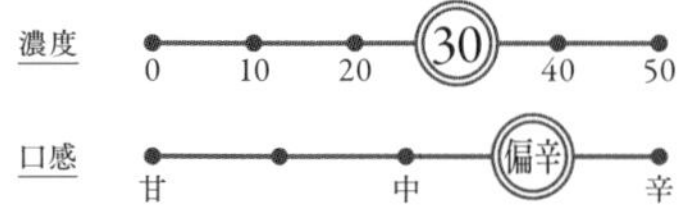

酒名取自一種三角形的俄羅斯弦樂器Balalaika。伏特加與柑橘類的清爽與芳香在嘴中綻開，同時也能品嘗到恰到好處的甜感，是一杯很受歡迎的雞尾酒。

可以享受咖啡的
香氣以及甜蜜

伏特加 … 40ml
咖啡利口酒 … 20ml

杯中放入冰塊與伏特加、咖啡利口酒後進行攪拌。

Black Russian
黑色俄羅斯
直調法／古典杯

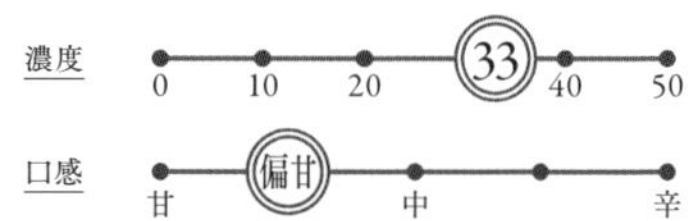

這杯酒的特色在於咖啡利口酒的香氣以及甜蜜。伏特加的濃度雖高，但這杯酒喝起來卻很順口，適合飯後一面享受著香氣一面慢慢啜飲。

酒不如其名的
健康雞尾酒

伏特加 … 45ml　番茄汁 … 適量
檸檬 … 1/6切片　西洋芹 … 1根

裝了冰塊的平底杯中加入伏特加、番茄汁後進行攪拌。最後以檸檬裝飾，並插入西洋芹。

Bloody Mary

血腥瑪麗

直調法／平底杯

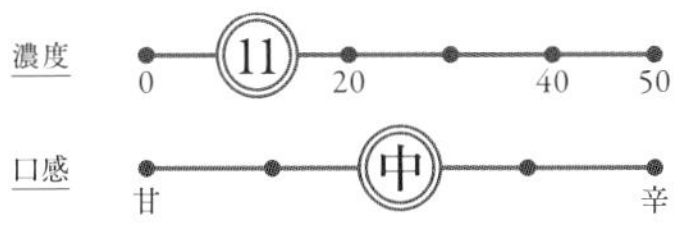

「血腥瑪麗」這名稱雖然聳動，但其實這是從番茄汁的紅所聯想到的名字而已。而且這杯酒還加了西洋芹和檸檬，意外地健康，可說是宿醉時的好朋友。

將星期一的憂鬱
全部吹散

伏特加 … 45ml
白柑橘香甜酒 … 15ml
藍柑橘香甜酒 … 1 tsp.

雪克杯中放入冰塊與所有材料，進行搖盪後倒入杯中。

Blue Monday

藍色星期一

搖盪法／雞尾酒杯

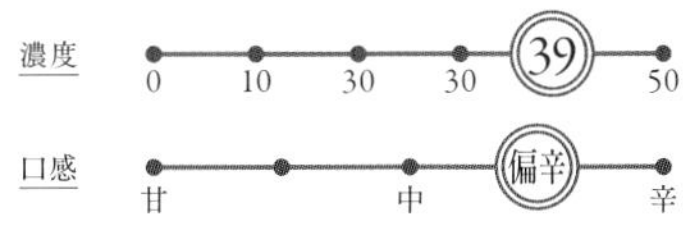

這是杯喝起來和名字有段落差的雞尾酒。通透的藍色令人聯想到海洋與天空，帶給人暢快的感覺。味道方面同樣可以享受到柑橘香甜酒俐落的感覺。

用鮮奶油與咖啡來包覆伏特加的刺激

伏特加 … 40ml
咖啡利口酒 … 20ml
鮮奶油 … 適量

裝了冰塊的杯中加入伏特加與咖啡利口酒後攪拌，最後讓鮮奶油漂浮在上層。

White Russian

白色俄羅斯

直調法／古典杯

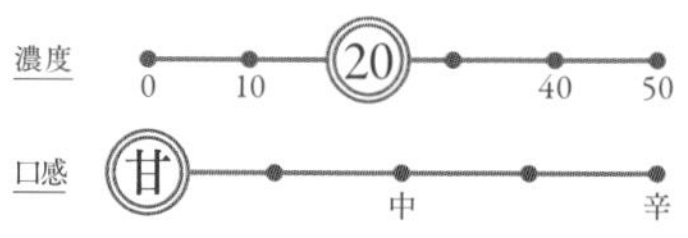

在黑色俄羅斯之上漂浮一層鮮奶油的變化版調酒，味道簡直就像加了鮮奶油的冰咖啡。咖啡利口酒的香氣與鮮奶油的甜感包覆住伏特加的刺激，是一杯十分好入口、適合餐後飲用的酒。

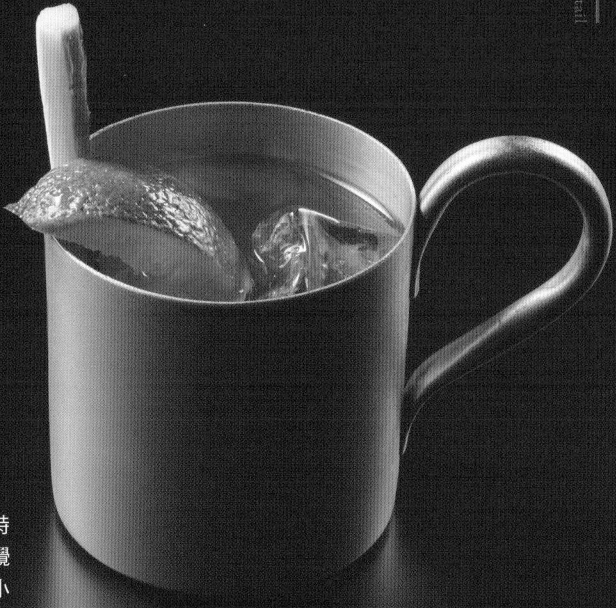

因用銅製馬克杯
盛裝而出名的
一杯雞尾酒

伏特加 … 45ml
萊姆汁 … 15ml
薑汁汽水 … 適量
萊姆 … 1/6切片
小黃瓜棒 … 1根

放了冰塊的馬克杯中，加入伏特加、萊姆汁、薑汁汽水後輕輕攪拌。最後以萊姆裝飾，並放入小黃瓜。

Moscow Mule

莫斯科騾子

直調法／馬克杯

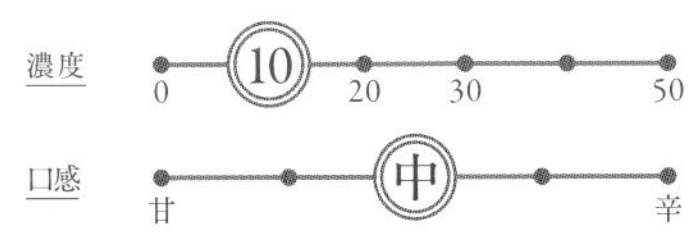

這杯「莫斯科騾子」，是伏特加基底調酒中相當知名的一款。以銅製馬克杯來盛裝的這一點十分獨特。而本來這一杯是用薑汁啤酒調製，不過在日本大多以薑汁汽水代用。萊姆清爽的香氣與薑汁通過喉嚨時的辛辣感十分暢快。

讓人聯想到雪景
誕生於日本的
雞尾酒傑作

伏特加 … 30ml
白柑橘香甜酒 … 15ml
萊姆汁 … 15ml
砂糖 … 適量
薄荷櫻桃 … 1顆

雪克杯中放入冰塊與伏特加、白柑橘香甜酒、萊姆汁，進行搖盪後倒入糖口雪花杯中，再將薄荷櫻桃沉入底部。

Yukiguni

雪國

搖盪法／雞尾酒杯

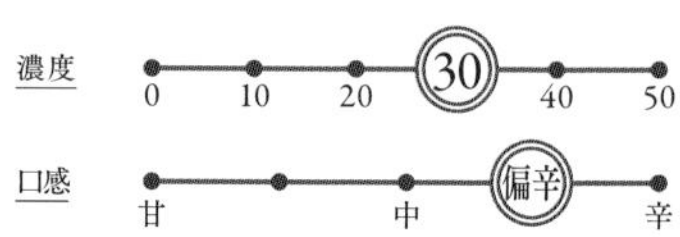

1958年，三得利集團主辦的雞尾酒大賽中，井山計一先生的優勝作品。伏特加與白柑橘香甜酒、萊姆汁達到絕佳平衡的口味，而杯口上砂糖的白，以及由白漸漸變轉變成黃綠色的酒色宛若雪景，十分優美。這是日本在戰後創造的雞尾酒中非常具代表性的一項傑作。

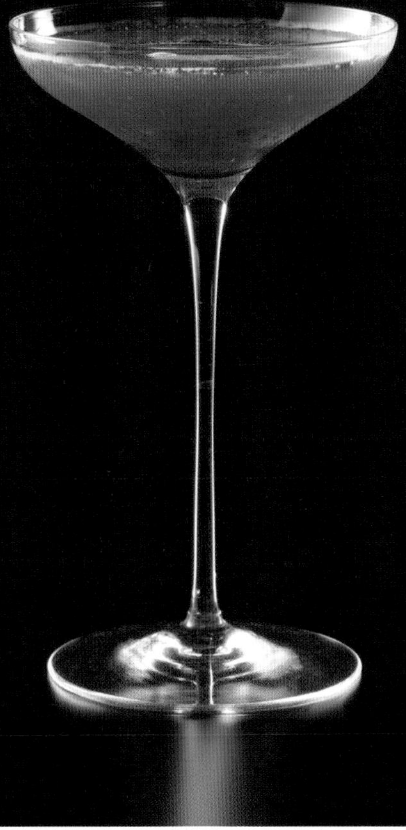

別被可可那甘甜
又溫和的口感
給騙了

伏特加 … 20ml
不甜琴酒 … 20ml
可可利口酒 … 20ml

雪克杯中放入冰塊與所有材料，
進行搖盪後倒入杯中。

Russian

俄羅斯

搖盪法／雞尾酒杯

濃度：0 — 10 — 20 — 30 — (37) — 50

口感：甘 — 中 — (偏辛) — 辛

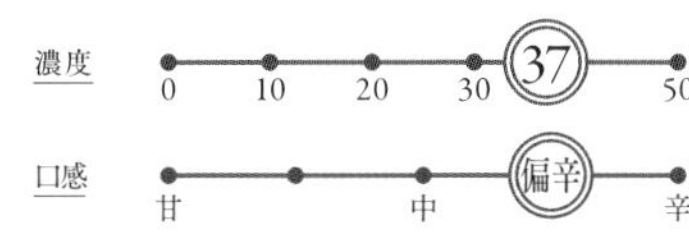

伏特加與不甜琴酒雖然是超辛辣搭配，不過可可利口酒的甜卻將這份辛辣溫和地包起，讓整杯酒變得較好入口。但如果誤信那甜甜的口感，一個不小心喝多了的話馬上就會醉倒，所以這杯酒也是十分知名的「淑女殺手」。

活用綠茶利口酒
獨特香氣的
一杯雞尾酒

伏特加 … 20ml
綠茶利口酒 … 20ml
鳳梨汁 … 10ml
鮮奶油 … 10ml

雪克杯中放入冰塊與所有材料，
進行搖盪後倒入杯中。

Lake Queen

湖上女王

搖盪法／雞尾酒杯

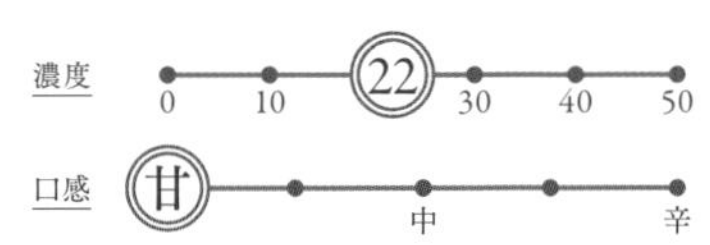

1984年，三得利集團所主辦的雞尾酒大賽中獲得大獎的作品，創作者為本書審定者渡邊一也先生。使用日本原產的綠茶利口酒，活用綠茶本身的香氣與苦澀，加入鮮奶油與鳳梨汁，調製成一杯甜美又濃郁的雞尾酒。

Rum Cocktail

以蘭姆酒為基底的調酒

蘭姆酒 ── Rum

蘭姆酒的起源眾說紛紜，有一說是15世紀末發現新大陸到17世紀初，蘭姆酒的原料作物甘蔗自西班牙引進西印度群島，甘蔗種植產業在西印度群島落地生根，歐洲的蒸餾技術也一併傳入，於是人們開始製造起蘭姆酒。

進入18世紀後，因航海技術發達，蘭姆酒開始傳往全世界。不過這個過程，卻和奴隸制度的歷史有密不可分的關係。西印度群島與新大陸、歐洲各國、以及西非這三個頂點構成了所謂的「三角貿易」，歐洲人將黑奴視為勞力引進西印度群島來栽種甘蔗，而甘蔗所製成的糖蜜則運回歐洲拿去製作蘭姆酒，接著他們再將蘭姆酒當作薪水支付給黑奴。諷刺的是，這種「三角貿易」的循環確實將蘭姆酒推廣至全球各地。現在不只有西印度群島，許多國家與地區都開始生產蘭姆酒。蘭姆酒已經成為全球都在飲用的烈酒之一了。

蘭姆酒的種類

蘭姆酒可依風味強弱和顏色濃淡來進行分類。依風味可分成淡蘭姆酒、中性蘭姆酒、濃蘭姆酒三種。淡蘭姆酒是以連續式蒸餾器蒸餾製成，所以風味較淡，適合拿來作為雞尾酒的基酒。而濃蘭姆酒則是經過自然發酵，並以傳統的單式蒸餾器蒸餾製成，所以特徵在於風味濃烈。而中性蘭姆酒的性質則介於兩者之間。

至於依顏色，則可分成白色蘭姆酒、金色蘭姆酒、深色蘭姆酒3種。白色蘭姆酒會以活性碳過濾，做出相對乾淨的風味。深色蘭姆酒則是因放入橡木桶熟成，所以染上深褐色的蘭姆酒。至於金色蘭姆酒則是加了焦糖色素的白色蘭姆酒。

◎依顏色分類

白色蘭姆酒（White Rum）
淡色或無色的蘭姆酒。桶陳過後再以活性碳過濾掉原酒顏色，製成透明無色的成品。

金色蘭姆酒（Gold Rum）
以白色蘭姆酒為基底，加入焦糖色素來調成類似威士忌和白蘭地的色調。

深色蘭姆酒（Dark Rum）
將發酵液放進單式蒸餾器蒸餾，並放入桶內炙燒焦化的橡木桶熟成數年。風味與味道都很濃厚。

◎依風味分類

淡蘭姆酒（Light Rum）
以連續式蒸餾器蒸餾，並經過活性碳等物質過濾後製成乾淨的酒液。特色是具有輕盈的味道。

中性蘭姆酒（Medium Rum）
使用原料有甘蔗汁和糖蜜兩種不同的情況。具有蘭姆酒獨特的香氣，口感也很柔順。

濃蘭姆酒（Heavy Rum）
桶陳3年以上，顏色呈現深褐色的蘭姆酒。有時也可能使用焦糖色素著色，讓桶陳出來的自然顏色再更深一點。

各式各樣的蘭姆酒

百加得蘭姆酒（Bacardi Superior）

從西班牙移民到古巴的葡萄酒商唐・法卡多・百加得（Don Facundo Bacardí）於1862年所創立的品牌，現在已是世界產量最多的蘭姆酒品牌。蝙蝠的圖案是他們的商標。

酒精濃度：40度
750ml／浮動價格
生產國：波多黎各
諮詢請洽：日本百加得BACARDI JAPAN

哈瓦那俱樂部窖藏3年（Havana Club Anejo 3y）

哈瓦那俱樂部是1878年於古巴創業的老牌酒商。放入橡木桶熟成3年的酒款味道甘甜、帶有一點煙燻味，堪稱最適合用來調製古巴知名調酒莫西多的蘭姆酒。

酒精濃度：40度
700ml／1400日圓（不含稅、價格僅供參考）
生產國：古巴
諮詢請洽：日本保樂力加Pernod Ricard Japan

百加得金色蘭姆酒（Bacardi Gold）

百加得公司生產的金色蘭姆酒，具有一定的熟成感以及圓潤的風味。1900年有人用可樂兑這支酒，創造出雞尾酒自由古巴，也因此打響了這支酒的名號。

酒精濃度：40度
750ml／浮動價格
生產國：波多黎各
諮詢請洽：日本百加得BACARDI JAPAN

朗立可151（Ronrico 151）

1860年誕生於波多黎各的加勒比海蘭姆酒代表品牌。因為這支酒是過去禁酒令下唯一可以合法生產的酒品，因而聞名。另外其超高的酒精濃度也十分出名。

酒精濃度：75度
700ml／1830日圓（不含稅、價格僅供參考）
生產國：波多黎各
諮詢請洽：三得利烈酒Suntory Spirits

哈瓦那俱樂部窖藏7年（Havana Club Anejo 7y）

古巴的老牌深色蘭姆酒。勾兑了最低熟成年分7年的蘭姆酒原酒，花費超過14年的歲月製造出深邃的味道，無論是調酒或加冰、純飲都合適。

酒精濃度：40度
700ml／2700日圓（不含稅、價格僅供參考）
生產國：古巴
諮詢請洽：日本保樂力加Pernod Ricard Japan

麥斯蘭姆酒（Myers's Original Dark Rum）

深色蘭姆酒的代表品牌。1879年，牙買加砂糖農場主人佛瑞德・路易斯・麥斯（Fred L. Myers）開始生產蘭姆酒。麥斯蘭姆酒的特色在於擁有十分馥郁的風味，不僅會用來調製雞尾酒，也會拿來製作甜點。

酒精濃度：40度　700ml／浮動價格
生產國：牙買加　諮詢請洽：麒麟啤酒

讓人拍案叫絕「至高無上」充滿自信的一杯酒

白色蘭姆酒 … 30ml
白柑橘香甜酒 … 15ml
檸檬汁 … 15ml

雪克杯中放入冰塊與所有材料，進行搖盪後倒入杯中。

X.Y.Z

XYZ

搖盪法／雞尾酒杯

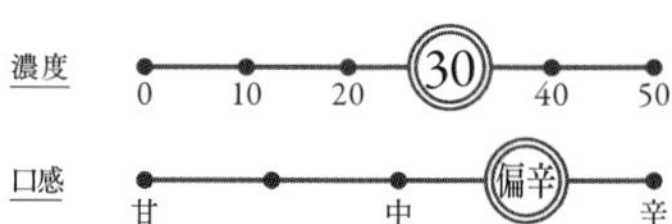

取英文字母最後三個字來命名，代表這是「最後一杯雞尾酒」。不過也有人自此衍伸出許多意思，如：「沒有其他能超越這一杯的酒」、「今晚就到這裡結束吧」。白色蘭姆酒和柑橘香甜酒、檸檬汁交融在一起，形成一杯具有清爽酸感、口感優良的雞尾酒。

名聲響遍全球
代表巴西的
雞尾酒

甘蔗酒 … 45ml
萊姆 … 1/2顆
糖粉 … 1 tsp.

將萊姆橫切成粗輪狀，再切成1/4後，與糖粉一起丟進杯中，以搗棒搗爛萊姆。接著裝滿碎冰，倒入甘蔗酒，附上攪拌棒。

Caipirinha

卡琵莉亞

直調法／古典杯

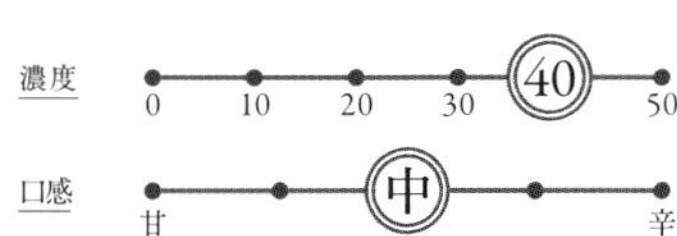

這是巴西最具代表性的調酒，而其名稱Caipirinha是葡萄牙語中「鄉村姑娘」的意思。材料所使用的甘蔗酒（Pinga），是讓甘蔗汁直接發酵後蒸餾製成的一種酒。這杯調酒充分活用了甘蔗酒濃厚的風味，但也透過碎冰和萊姆讓整體呈現的感覺更為清新。

古巴與美國的
兩國結合產物
蘭姆酒＆可樂

白蘭姆酒 … 45ml
萊姆 … 1/2顆
可樂 … 適量

將萊姆的汁擠進平底杯後投入杯中，加入蘭姆酒與冰塊，進行攪拌。最後加入冰鎮的可樂，並輕輕攪拌。

Cuba Libre

自由古巴

直調法／平底杯

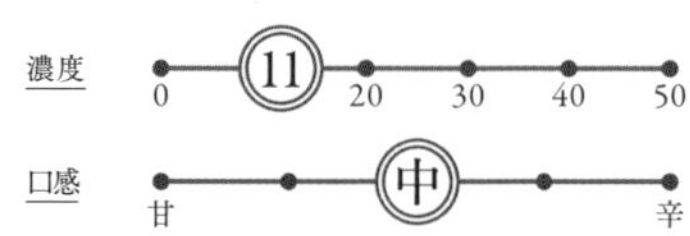

這杯酒的名稱源自於古巴獨立戰爭時的暗號：「Viva Cuba Libre！（自由的古巴萬歲！）」。也有人說是支援古巴獨立的一名美軍偶然將可樂加進蘭姆酒，發現意外好喝而誕生的。古巴特產淡蘭姆酒調和美國的可樂，入喉的感覺十分暢快。

蘭姆酒與雪莉酒的
奇特組合
口感強勁且辣口

白色蘭姆酒 … 40ml
不甜雪莉酒 … 20ml
萊姆汁 … 1 tsp.

攪拌杯中放入冰塊與所有材料，
進行攪拌後倒入杯中。

Quarter Deck

後甲板

攪拌法／雞尾酒杯

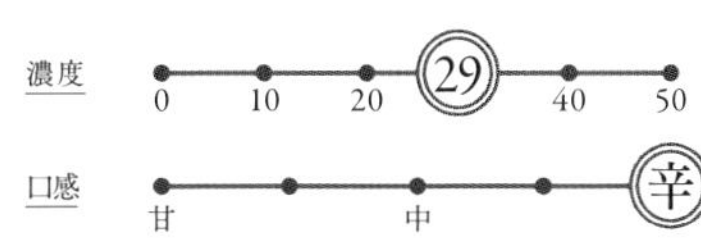

蘭姆酒與雪莉酒的搭配十分少見，是一杯很特別的雞尾酒。使用的蘭姆酒款和雪莉酒款不同，也會就造就出不同的風味，而白色蘭姆酒與不甜雪莉酒的組合，味道強勁且辛辣，具有俐落的口感。Quarter Deck指的是「後甲板」，另外也有「高級船員」的意涵。

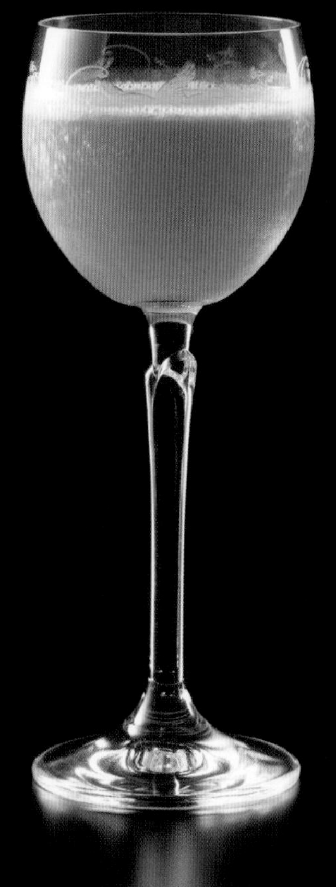

個性豐富
充滿異國風
詭譎的魅力

深色蘭姆酒 … 30ml
茴香酒 … 10ml
檸檬汁 … 20ml
紅石榴糖漿 … 1/2 tsp.

雪克杯中放入冰塊與所有材料，進行搖盪後倒入杯中。

Shanghai

上海

搖盪法／雞尾酒杯

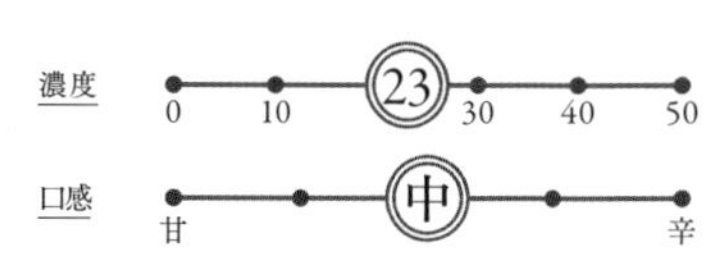

以曾有「魔都」之稱的中國商業都市來命名。基底為濃郁的深色蘭姆酒，酒色呈現詭譎頹廢的紅色，與茴香的甘甜香料味相輔相成，形成充滿異國情調的一杯酒。不過因為檸檬汁與糖漿增添了酸甜，喝起來十分順口。

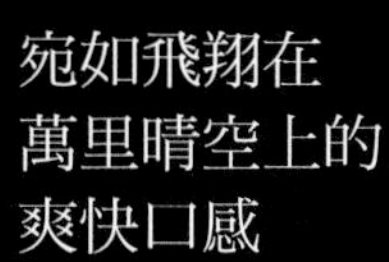

白色蘭姆酒 … 30ml
藍柑橘香甜酒 … 20ml
萊姆汁 … 10ml

雪克杯中放入冰塊與所有材料，
進行搖盪後倒入杯中。

Sky Diving

跳傘

搖盪法／雞尾酒杯

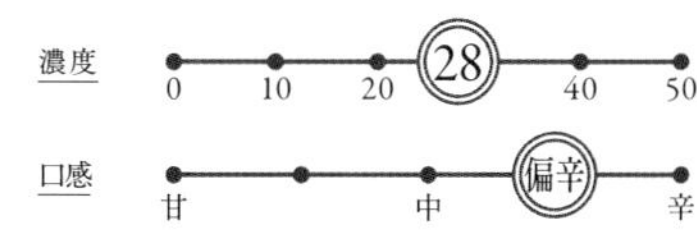

1967年，全日本調酒師協會（ANBA）雞尾酒大賽優勝者渡邊義之先生的作品。藍柑橘香甜酒帶來的湛藍酒色令人聯想到萬里無雲的晴空，十分優美。白色蘭姆酒與柑橘酒的苦甜香氣，加入萊姆的清香，形成一杯非常均衡的知名雞尾酒。

誕生於古巴礦山
的蘭姆酒經典調酒

白色蘭姆酒 … 45ml
萊姆汁 … 15ml
糖漿 … 1 tsp.

雪克杯中放入冰塊與所有材料，
進行搖盪後倒入杯中。

Daiquiri

黛綺莉

搖盪法／雞尾酒杯

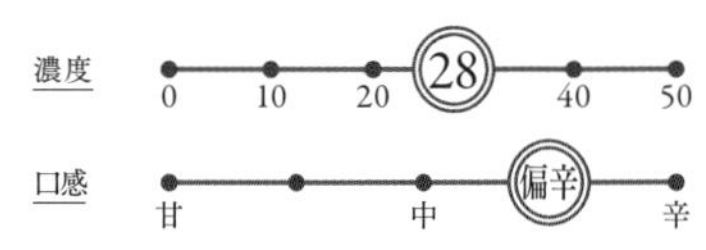

以蘭姆酒為基酒的超經典調酒。「Daiquiri」是古巴聖地牙哥郊外一座礦山的名稱。據聞這杯酒最早出現在19世紀後半，源自一名在這座礦山工作的技工為了潤喉，在蘭姆酒中加入萊姆汁的喝法。這杯酒濃度雖高，但酸甜十分平衡，喝起來很順口。

在寒冷的季節
溫暖你身心的
熱調酒

A | 白色蘭姆酒 … 30ml
| 白蘭地 … 15ml
| 糖漿 … 10ml
蛋 … 1顆
熱水 … 適量
肉豆蔻（粉）… 適量

將蛋黃與蛋白分開打發，之後和A一起倒入杯中攪拌。最後加入熱水攪拌，並撒上肉豆蔻粉。

Tom & Jerry

湯姆與傑利

直調法／熱飲杯

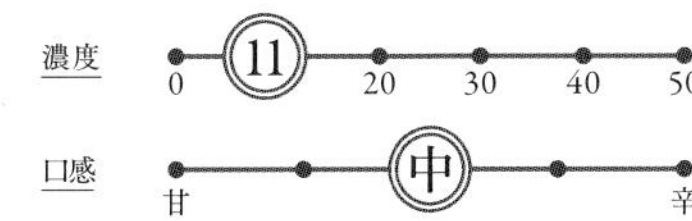

很久之前便相當知名的熱調酒，是歐美各國熟悉的一種聖誕節飲品，據傳於19世紀末由知名調酒師傑瑞・湯瑪斯（Jerry Thomas）所發明。蘭姆酒、白蘭地與蛋的濃郁組合讓整杯酒的味道纏繞口舌，回味無窮，而且還能溫暖受凍的身體。

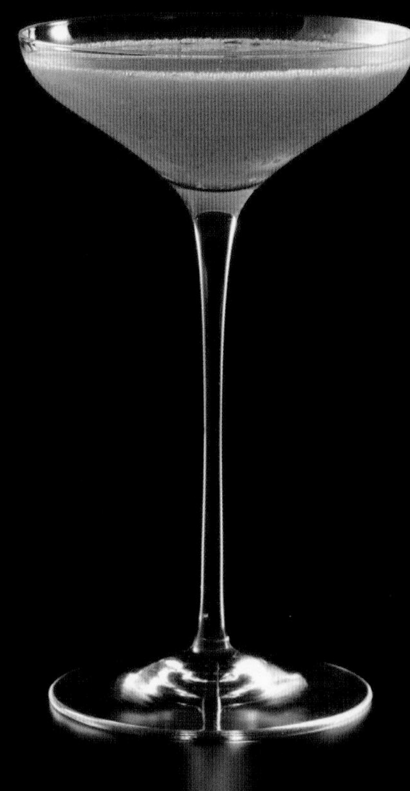

因最高法院判決
而出名的一杯
酒商原創雞尾酒

百加得蘭姆酒（白）… 45ml
萊姆汁 … 15ml
紅石榴糖漿 … 1 tsp.

雪克杯中放入冰塊與所有材料，
進行搖盪後倒入杯中。

Bacardi Cocktail

百加得雞尾酒

搖盪法／雞尾酒杯

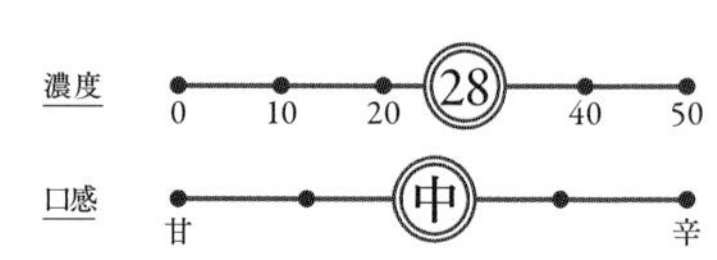

蘭姆酒品牌百加得為了促銷自家產品而想出的雞尾酒。1936年4月，紐約最高法院針對使用百加得品牌以外的蘭姆酒調製這杯酒並端給客人的酒吧，做出了一項裁決：「百加得雞尾酒只許使用百加得蘭姆酒調製。」這杯酒就因為這項判決而出名。

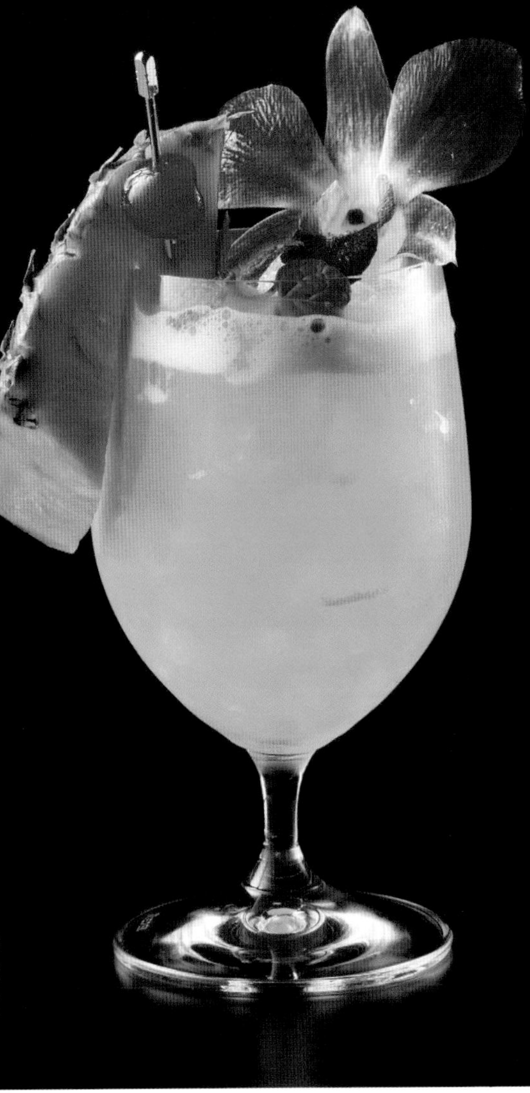

邀你前往
四季如夏的樂園
知名熱帶雞尾酒

A | 白色蘭姆酒 … 30ml
藍柑橘香甜酒 … 15ml
鳳梨汁 … 30ml
檸檬汁 … 15ml

鳳梨 … 適量
馬拉斯奇諾櫻桃 … 1顆
蘭花 … 1朵
薄荷葉 … 適量

雪克杯中放入冰塊與A，進行搖盪後倒入裝滿碎冰的杯中。以酒叉插起鳳梨、櫻桃，並放上蘭花、薄荷葉來裝飾。

Blue Hawaii

藍色夏威夷

搖盪法／高腳杯

濃度 0 – 10 – (17) – 30 – 40 – 50

口感 (甘) – 中 – 辛

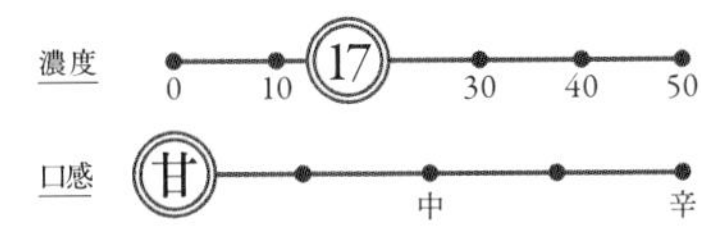

四季如夏的樂園，夏威夷。這杯酒令人想起夏威夷的碧海藍天。以蘭姆酒豐潤的香氣、藍柑橘香甜酒鮮豔的藍色為基底，加入鳳梨與檸檬的水果風味，最後再以美麗的水果和蘭花裝飾。各式各樣的素材合而為一，馬上讓你感覺到滿滿的熱帶風情。

海明威鍾愛的
霜凍調酒先驅

白色蘭姆酒 … 45ml
萊姆汁 … 15ml
糖漿 … 10ml

果汁機中放入1杯碎冰與所有材料，攪打成雪酪狀後倒入杯中。

Frozen Daiquiri

霜凍黛綺莉

攪打法／雞尾酒杯

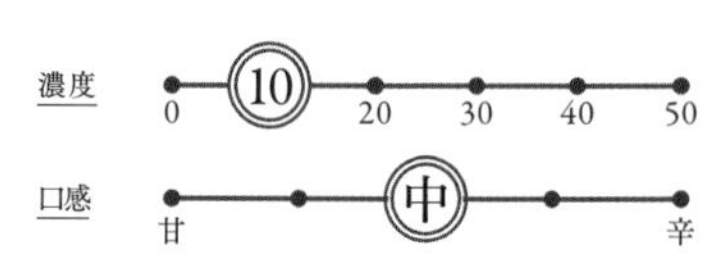

因大文豪海明威十分喜愛而出名的一杯酒，同時也是霜凍雞尾酒的先河。萊姆的酸味與雪酪狀的口感，讓整杯酒嘗起來透心涼。順帶一提，海明威喝的版本不加糖漿，而是加了雙倍的萊姆汁喔。

蕾汁汽水與
蘭姆酒非常搭調
清爽暢快

A | 白色蘭姆酒 … 45ml
檸檬汁 … 20ml
糖漿 … 10ml

薑汁汽水 … 適量
柳橙片 … 1/2片
檸檬片 … 1片
馬拉斯奇諾櫻桃 … 1顆

雪克杯中放入冰塊與A，進行搖盪後倒入裝了冰塊的杯中，並注入冰鎮的薑汁汽水，輕輕攪拌。最後以酒叉串起柳橙、檸檬、櫻桃後放上裝飾。

Boston Cooler

波士頓酷樂

搖盪法／可林杯

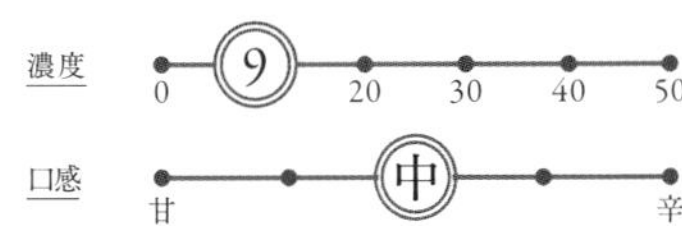

以蘭姆酒為基底的酷樂類代表性雞尾酒。「酷樂」指的是基酒加上柑橘類果汁與碳酸飲料所調製而成的雞尾酒。這杯酒使用了和蘭姆酒十分搭調的薑汁汽水，辛辣的口味讓整杯味道很紮實，而且十分清爽、暢快，消暑解渴。

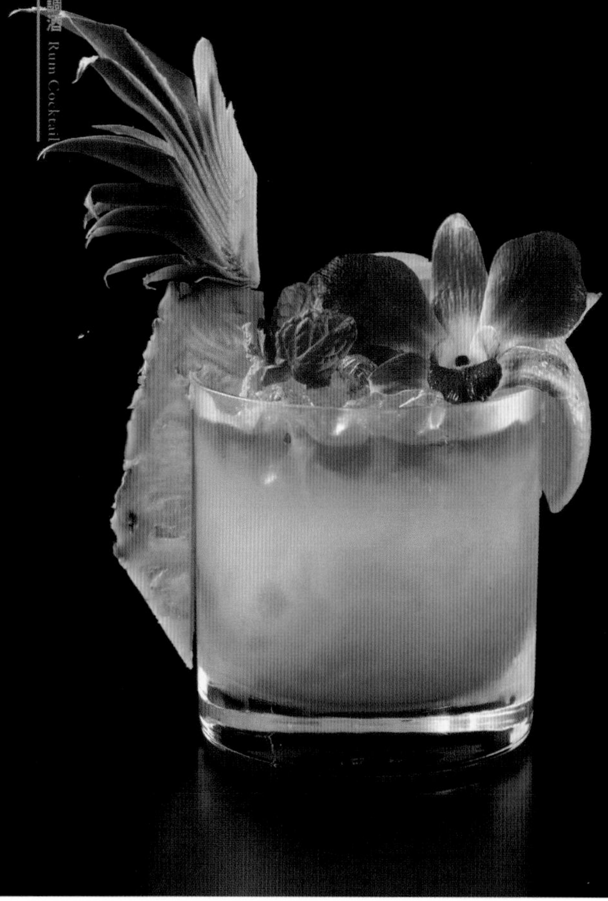

南國情調滿分！
熱帶雞尾酒女王

A | 白色蘭姆酒 … 30ml
  | 金色蘭姆酒 … 30ml
  | 深色蘭姆酒 … 15ml
  | 鳳梨汁 … 45ml
  | 柳橙汁 … 30ml

紅石榴糖漿 … 15ml
鳳梨、柳橙、萊姆、薄荷葉、蘭花 … 各適量

杯中倒入紅石榴糖漿後加滿碎冰，並依序加入A的材料，最後用水果和蘭花裝飾。

Mai-Tai

邁泰

直調法／古典杯

濃度：0 — 10 — (18) — 30 — 40 — 50

口感：甘 — (偏甘) — 中 — 辛

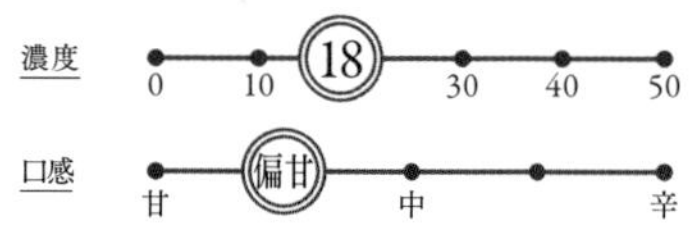

有「熱帶雞尾酒女王」之稱的一杯酒。使用風味與顏色各異的3款蘭姆酒，做出多層次的味道，並且以鮮豔的水果裝飾，華麗的外觀讓人充分沉浸在甜美的南國氣氛之中。「Mai-Tai」是波里尼西亞語大溪地方言中「最棒！」的意思。

可以品嘗到清爽口感
與薄荷清涼感
的雞尾酒

白色蘭姆酒 … 45ml
氣泡水 … 少許
糖漿 … 10ml
薄荷葉 … 10～15片
萊姆 … 1/2顆

平底杯中加入氣泡水與薄荷，以吧匙輕搗薄荷葉。接著將萊姆的汁擠進杯裡後投入杯中，並裝滿碎冰。最後加入蘭姆酒與糖漿攪拌，並以薄荷葉裝飾。

Mojito
莫西多
直調法／平底杯

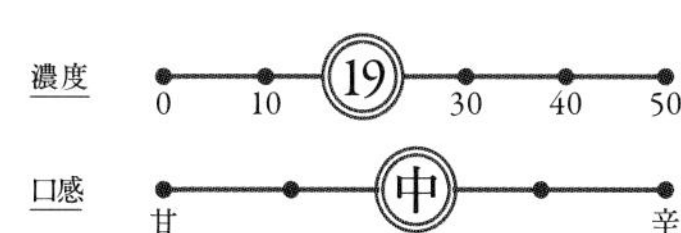

誕生於古巴哈瓦那的雞尾酒，最大的魅力在於薄荷強烈有特色的香氣。以白色蘭姆酒為基底，加入薄荷葉與萊姆，並兑以少許氣泡水，口味十分清爽，薄荷的清涼感也會在嘴中漫開。據説這杯莫西多也是海明威的愛酒之一。

雞尾酒的黃金酒譜①

酒精濃度高的烈酒，只要加入酸、甜元素就會變得順口、好喝很多。這是雞尾酒的公式之一，所以有很多酒的酒譜除了基酒不同，其他材料都一樣。大家可以利用這種公式來記住雞尾酒的配方。首先，有一個5種酒都通用的酒譜，而且每一杯都是非常經典的調酒。

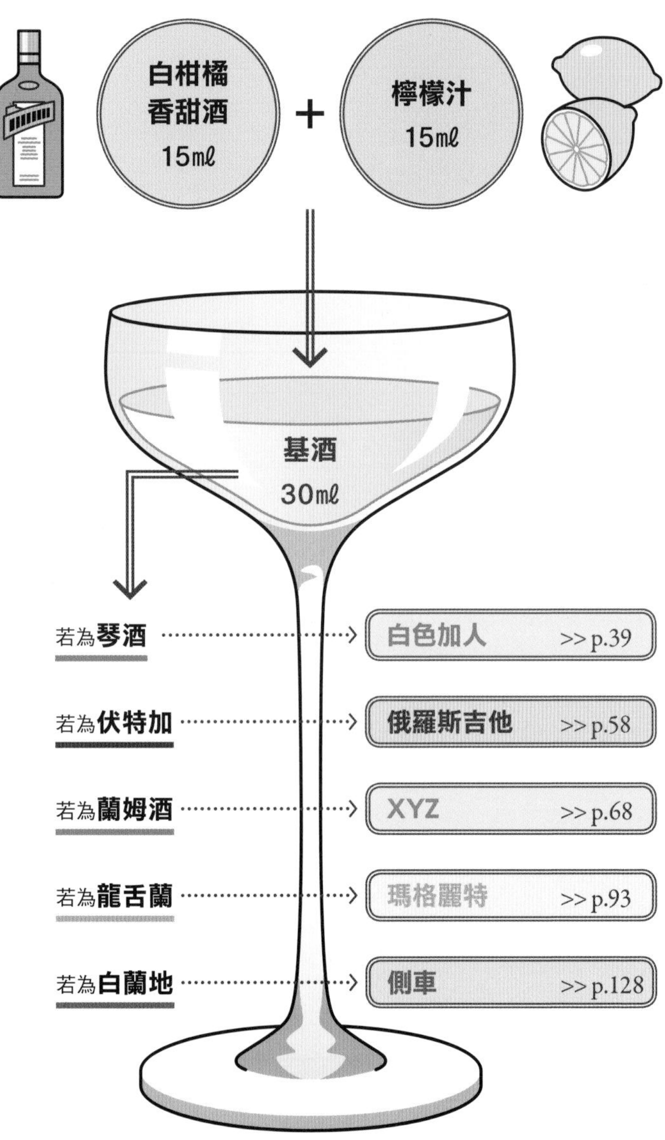

Tequila Cocktail

以龍舌蘭為基底的調酒

龍舌蘭 — Tequila

龍舌蘭是以一種名叫龍舌蘭草（Agave）的多肉植物為原料所製成的烈酒。墨西哥自古（有一說是從3世紀左右開始）以來就有一種稱作「布爾奎（Pulque）」的釀造酒，一樣是以龍舌蘭草為原料所製作，因此許多人認為這就是龍舌蘭的原型。

16世紀大航海時代，將墨西哥變為殖民地的西班牙人帶來蒸餾技術，於是當地出現了以布爾奎蒸餾製成的「梅茲卡爾（Mezcal）」酒。

一直到了20世紀過後，梅茲卡爾才真正被人稱為「龍舌蘭」。1902年，植物學家韋伯（Franz Weber）認定「藍色龍舌蘭（Agave Tequilana）」是最適合用來製作梅茲卡爾的龍舌蘭品種。後來法律規定，只有使用該品種所製作的梅茲卡爾，才有資格冠上「龍舌蘭（Tequila）」的名號。於是Tequila就此成為一種酒名。

後來因為「瑪格麗特」大受歡迎，龍舌蘭以雞尾酒基酒的身分開始受到各界關注，接著又因墨西哥奧運而傳播到全世界，發展至人稱世界4大烈酒之一的程度。

龍舌蘭的種類

龍舌蘭有2種分類方法，一是依原料、一是依熟成時間。

依原料分類的話，若原料中使用了51%以上的「藍色龍舌蘭」，並且是在墨西哥5州（Guanajuato州、Nayarit州、Michohacan州、Tamaulipas州、Jalisco州）內所生產的梅茲卡爾就能稱作Tequila。而即使原料相同，若非產自這5州則只能稱作「皮諾斯（Pinos）」。

而依熟成時間來看，從完全沒經過熟成就直接裝瓶，到靜置熟成1年以上，共可分成三個階段：「Blanco（白）」、「Reposado（金）」、「Añejo」。

Blanco（白色龍舌蘭）

蒸餾之後不經過熟成就直接裝瓶、出貨。酒液呈現透明無色，香氣與味道也因為沒經過熟成，保留了龍舌蘭草本身獨特且鮮明、香料般的風味。

Añejo（陳年龍舌蘭）

Añejo是西班牙語中「老舊」的意思，規定必須在桶內熟成1年以上。特色是比起原本粗野的味道，更能感受到馥郁的桶香，也帶有一種類似白蘭地的圓潤風味。

Reposado（金色龍舌蘭）

蒸餾後入桶短期熟成2個月～1年再行裝瓶，酒液呈現淡淡金黃色。熟成過後，生澀的苦味降低，多了一股甘甜與渾厚感，很順口。

各式各樣的龍舌蘭

瀟灑 藍銀級
（Sauza Blue Silver Tequila）

1873年，龍舌蘭之父唐・塞諾比奧・瀟灑（Don Cenobio Sauzu）所創。藍銀級使用100%藍色龍舌蘭製造，味道十分精純。而銀級則一直維持創業時的風味至今，在墨西哥也很受歡迎。

酒精濃度：40度
750ml／1900日圓（不含稅、價格僅供參考）
生產國：墨西哥
諮詢請洽：三得利烈酒Suntory Spirits

馬里亞奇 銀級
（Mariachi Silver）

「馬里亞奇」是墨西哥當地婚禮等慶典中所組成的樂團，具有強烈的民族色彩。嚴選藍色龍舌蘭，並以傳統方法製成的銀級龍舌蘭，味道十分純粹，非常多人用來調製雞尾酒。

酒精濃度：40度
750ml／浮動價格
生產國：墨西哥
諮詢請洽：日本保樂力加Pernod Ricard Japan

培恩 銀
（Patron Silver Tequila）

100%使用精挑細選、糖分夠高的藍色龍舌蘭來製作，是高級龍舌蘭的代表品牌。銀款可以品嘗到新鮮龍舌蘭淡淡的清甜。以圓形的軟木塞塞住的酒瓶設計也很有特色。

酒精濃度：40度
700ml／浮動價格
生產國：墨西哥
諮詢請洽：日本百加得BACARDI JAPAN

金快活
（Jose Cuervo Especial）

1795年，荷西・安東尼奧・快活（José Antonio de Cuervo）於Jalisco州創立創立的老牌酒廠。擁有自己的農場，現在仍然維持著手工收成的固有傳統。Reposado Especial的酒款味道圓潤，風味渾厚。

酒精濃度：40度
750ml／1890日圓（不含稅、價格僅供參考）
生產國：墨西哥
諮詢請洽：朝日啤酒

馬蹄鐵 Reposado
（Herradura Reposado Tequila）

1870年，菲利克斯・羅培斯（Félix López）於Jalisco州創立，是龍舌蘭的高級品牌之一。這款Reposado使用花費10年種植的龍舌蘭草，具有非常紮實的風味。

酒精濃度：40度
750ml／5530日圓（不含稅、價格僅供參考）
生產國：墨西哥
諮詢請洽：朝日啤酒

唐胡立歐 珍藏
（Don Julio Añejo）

1942年創業，由龍舌蘭大師唐・胡立歐（Don Julio Gonzalez Estrada）親手打造的高品質名酒。經過1年半以上熟成的珍藏款少了一份苦味，多了一份豐潤的口感，味道十分厚實。

酒精濃度：38度
750ml／浮動價格
生產國：墨西哥
諮詢請洽：麒麟啤酒

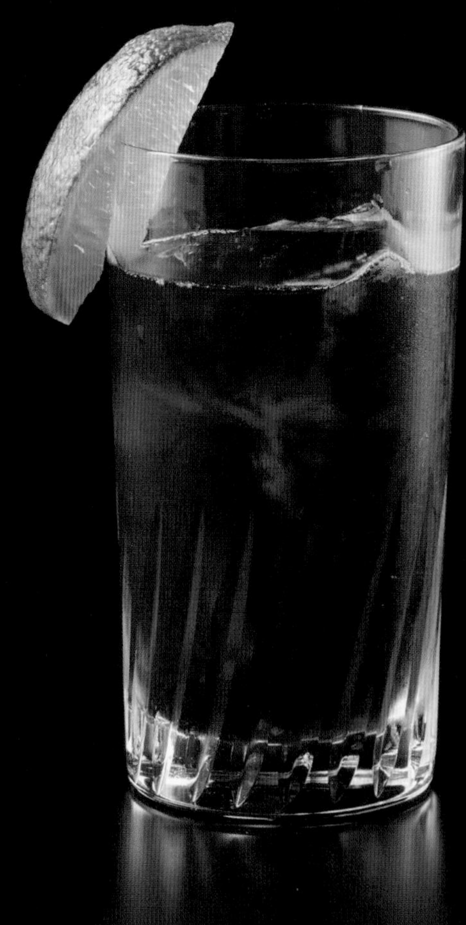

惡魔的呢喃
邀你踏入疑雲
重重的世界

龍舌蘭 … 30ml
黑醋栗利口酒 … 15ml
薑汁汽水 … 適量
萊姆 … 1/6切片

平底杯中放入冰塊與龍舌蘭、黑醋栗利口酒並攪拌，接著注入薑汁汽水，輕輕攪拌後放上萊姆裝飾。

El Diablo

西班牙魔鬼

直調法／平底杯

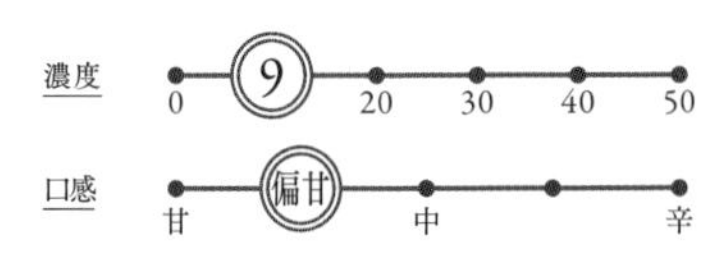

或許是因為其深紅的酒色令人想到血，這杯酒以西班牙語中的「惡魔」來命名，是杯充滿懸疑感的雞尾酒，但喝起來倒是十分爽口。黑醋栗利口酒的果味和甜味鮮明，萊姆與薑汁汽水則讓整杯酒變得更有整體感與順口。不過這反而像是惡魔的呢喃，讓你一個不小心就喝過頭……。

優美的顏色變化
令人聯想到高雅
花朵的雞尾酒

A | 龍舌蘭 … 30ml
白柑橘香甜酒 … 10ml
柳橙汁 … 10ml
檸檬汁 … 10ml
紅石榴糖漿 … 1 tsp.
檸檬皮 … 適量

雪克杯中放入冰塊與A，進行搖盪後倒入杯中。輕輕加入紅石榴糖漿使之下沉，最後噴附檸檬皮油。

Cyclamen

仙客來

搖盪法／雞尾酒杯

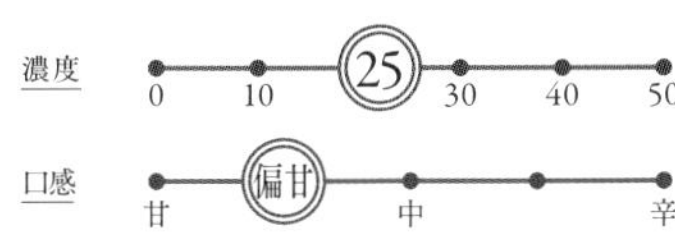

以仙客來花為意象所創作出的雞尾酒，橘黃色酒液往杯底漸漸變成紅色的漸層感十分美麗。這杯酒充滿龍舌蘭與柳橙、檸檬等柑橘類的香氣與風味，而且加入了紅石榴糖漿，帶出高雅的甜味並營造出華麗感。

以清爽的方式
品嘗野莓的酸甜

龍舌蘭 … 30ml
野莓琴酒 … 15ml
檸檬汁 … 15ml
小黃瓜棒 … 1根

雪克杯中放入冰塊與龍舌蘭、野莓琴酒、檸檬汁，進行搖盪後倒入裝滿碎冰的杯中。最後附上小黃瓜。

Sloe Tequila

野莓龍舌蘭

搖盪法／古典杯

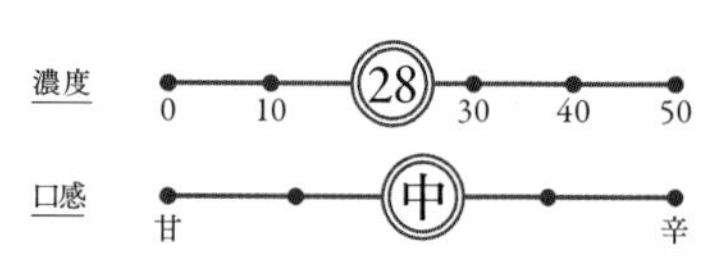

Sloe Tequila的「Sloe」是源自「Sloe Berry（野莓、黑刺李）」的名稱。以琴酒浸泡野莓，萃取出野莓酸甜風味的野莓琴酒搭配龍舌蘭，加上碎冰創造清涼的感覺，並且以檸檬汁和小黃瓜來增加清爽感，完成一杯均衡的調酒。

夢幻般的色調
令人聯想到
西沉的太陽

龍舌蘭 … 30ml
檸檬汁 … 30ml
紅石榴糖漿 … 1 tsp.
檸檬切片 … 1片

果汁機中放入1杯碎冰與龍舌蘭、檸檬汁、紅石榴糖漿，攪打均勻後倒入杯中。並以檸檬裝飾。

Tequila Sunset

龍舌蘭日落

攪打法／古典杯

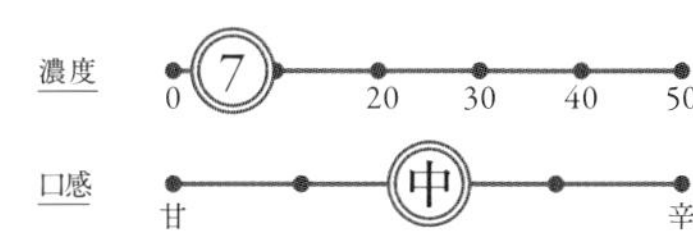

和另外一杯以日出為意象的龍舌蘭日出（→p.90）彷彿成雙作對般，擁有日落的名稱。雪酪狀的冰與粉紅色調十分夢幻，而檸檬汁的酸味十足，味道非常清爽。由於這杯酒精濃度較低，非常適合夏天傍晚來一杯潤潤喉！

將燃燒般的朝陽
表現在杯中的
熱情雞尾酒

龍舌蘭 … 45ml
柳橙汁 … 90ml
紅石榴糖漿 … 2 tsp.
柳橙切片 … 1片
馬拉斯奇諾櫻桃 … 1顆

杯中放入冰塊與龍舌蘭、柳橙汁後輕輕攪拌，接著輕輕沉入紅石榴糖漿。最後以酒叉串起柳橙與櫻桃裝飾。

Tequila Sunrise

龍舌蘭日出

直調法／高腳杯

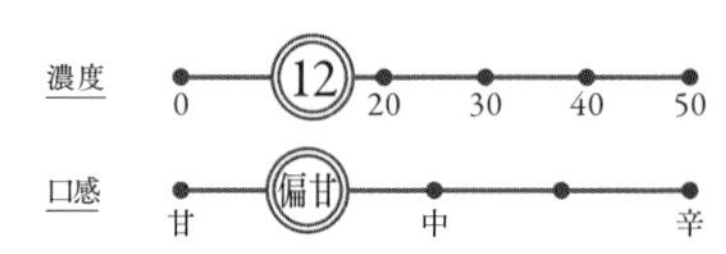

因沉澱在杯底的紅石榴糖漿就像升起的太陽一樣而得名。這杯調酒原本很冷門，但據説因為滾石合唱團的米克・傑格（Mick Jagger）於1972年巡迴至墨西哥演出時深深愛上這杯酒，讓這杯調酒就此廣為人知。這是一杯非常熱情的雞尾酒。

可以享受到
口感更加清涼的
瑪格麗特

龍舌蘭 … 45ml
白柑橘香甜酒 … 20ml
檸檬汁 … 15ml
鹽 … 適量

果汁機中放入1杯碎冰與龍舌蘭、白柑橘香甜酒、檸檬汁，攪打均勻後倒入鹽口雪花杯中。

Frozen Margarita

霜凍瑪格麗特

攪打法／香檳杯（碟型）

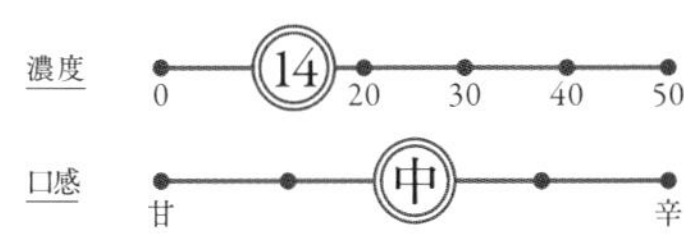

瑪格麗特（→p.93）加了碎冰後放入果汁機攪打成霜凍類型的雞尾酒。雪酪狀的冰涼檸檬風味，清涼感滿分。而且這杯酒和瑪格麗特一樣，透過和龍舌蘭味道很搭的鹽做成雪花杯，讓整體味道更紮實。

隱含著「鬥牛士」
熱情的一杯
清爽雞尾酒

龍舌蘭 … 30ml
鳳梨汁 … 45ml
萊姆汁 … 15ml

雪克杯中放入冰塊與所有材料，進行搖盪後倒入裝著冰塊的杯子裡。

Matador

鬥牛士

搖盪法／古典杯

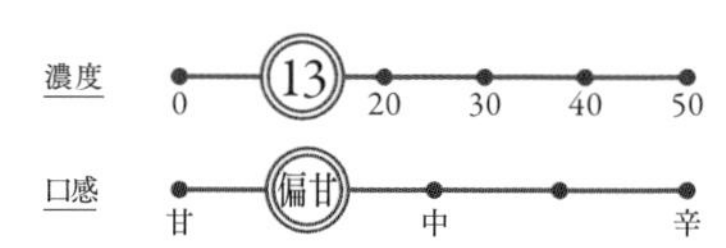

Matador就是西班牙語中的「鬥牛士」，而且是只有最後能刺殺牛隻的真正鬥牛士，才能獲得這份稱號。而擁有這個名字的雞尾酒，也是一杯足以擔綱主角重任的酒品。鳳梨與萊姆雖然帶來了清爽的口感與豐富的果香，不過背後依然隱藏著龍舌蘭特有的熱情。

獻給死去的戀人
龍舌蘭基底
最具代表性的雞尾酒

龍舌蘭 … 30ml
白柑橘香甜酒 … 15ml
檸檬汁 … 15ml
鹽 … 少許

雪克杯中放入冰塊與龍舌蘭、白柑橘香甜酒、檸檬汁，進行搖盪後倒入鹽口雪花杯中。

Margarita
瑪格麗特
搖盪法／雞尾酒杯

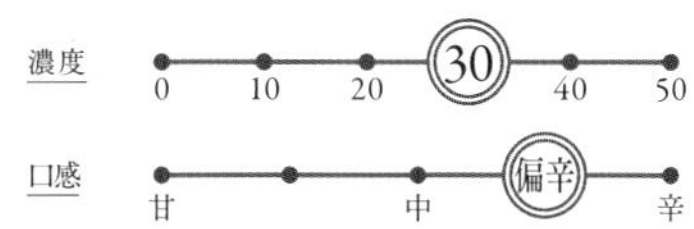

1949年，約翰・杜萊瑟（John Durlesser）於全美雞尾酒大賽中獲獎的作品。也有人說這一杯酒是為了獻給他死去的戀人，才取作瑪格麗特。這杯酒雖然有很多衍生變化，不過鹽口雪花杯配上充分發揮龍舌蘭特色的材料組合，可說是這杯酒的註冊商標。

用眼睛與舌頭
品嘗美麗且清新的
綠色酒液

龍舌蘭 … 30ml
薄荷利口酒（綠）… 15ml
萊姆汁 … 15ml

雪克杯中放入冰塊與所有材料，進行搖盪後倒入杯中。

Mockingbird

仿聲鳥

搖盪法／雞尾酒杯

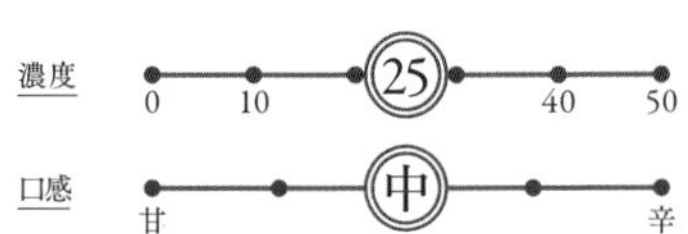

Mockingbird是一種棲息於墨西哥等北美大陸南部的「仿聲鳥」，不過這杯酒之所以會取作仿聲鳥，據說只是因為使用墨西哥產的龍舌蘭，所以也用墨西哥的鳥名來命名而已。薄荷利口酒的綠色十分漂亮，而加了萊姆後的味道更為爽口、清新。

預期日本將迎接
嶄新未來而創的
知名雞尾酒

A | 龍舌蘭 … 30ml
夏特勒茲（黃）… 20ml
萊姆汁 … 10ml

馬拉斯奇諾櫻桃 … 1顆
野莓琴酒 … 1 tsp.
鹽 … 適量

雪克杯中放入冰塊與A，進行搖盪後倒入鹽口雪花杯中。放入櫻桃，並輕輕將野莓琴酒沉入底部。

Rising Sun

旭日東昇

搖盪法／雞尾酒杯

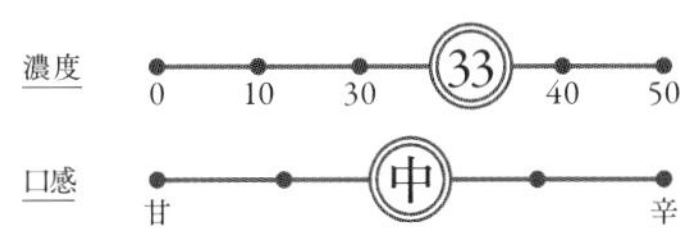

1963年，日本調理師法施行10週年的紀念雞尾酒大賽上，榮獲厚生大臣賞的一杯雞尾酒。創作者為Palace Hotel第一代主任調酒師，擁有「馬丁尼先生」之稱的今井清先生。杯底的馬拉斯奇諾櫻桃，令人不禁聯想到昭和年代高度經濟成長期那旭日東昇般的氣勢。

〔瑪格麗特衍生調酒〕

龍舌蘭 … 30ml
藍柑橘香甜酒 … 15ml
檸檬汁 … 15ml
鹽 … 適量

雪克杯中放入冰塊與龍舌蘭、藍柑橘香甜酒、檸檬汁，進行搖盪後倒入鹽口雪花杯中。

A | 龍舌蘭 … 20ml
柑曼怡 … 10ml
蔓越莓汁 … 20ml
萊姆汁 … 10ml
鹽 … 適量

雪克杯中放入冰塊與A，進行搖盪後倒入鹽口雪花杯中。

Blue Margarita

藍色瑪格麗特

搖盪法／雞尾酒杯

濃度  26　口感  中

將瑪格麗特酒譜中的白柑橘香甜酒，更換成色澤亮麗的藍柑橘香甜酒。不僅可以聞到甜美的香氣，也可以享受細膩的色彩。

Margarita Cosmo

瑪格麗特宇宙

搖盪法／雞尾酒杯

濃度  20　口感  偏甘

瑪格麗特中，加入棕色柑橘香甜酒的高級品項「柑曼怡」、以及蔓越莓汁來做變化。味道微甜，像在喝果汁一樣。

龍舌蘭 … 30ml
柑曼怡 … 15ml
檸檬汁 … 15ml
鹽 … 適量

雪克杯中放入冰塊與龍舌蘭、柑曼怡、檸檬汁，進行搖盪後倒入鹽口雪花杯中。

Grand Marnier Margarita

柑曼怡瑪格麗特

搖盪法／雞尾酒杯

濃度 (29)　口感 (中)

擁有最頂級棕色柑橘香甜酒之稱的柑曼怡，帶給這杯酒豐饒的香氣，讓原本的瑪格麗特變成更有深度的味道。

A 龍舌蘭 … 30ml
白柑橘香甜酒 … 15ml
檸檬汁 … 15ml
草莓 … 2～3顆
鹽 … 適量
草莓 … 1顆

果汁機中加入1杯碎冰與A後攪打，接著倒入鹽口雪花杯中，並用草莓裝飾。

Frozen Strawberry Margarita

霜凍草莓瑪格麗特

搖盪法／雞尾酒杯

濃度 (11)　口感 

用果汁機調製的霜凍瑪格麗特變化版。使用了滿滿的新鮮草莓，製作成果香豐富的一杯雞尾酒！

雞尾酒的黃金酒譜②

萊姆清爽的味道，和烈酒十分合得來。
只要改變基酒，就能調出好幾款經典調酒。

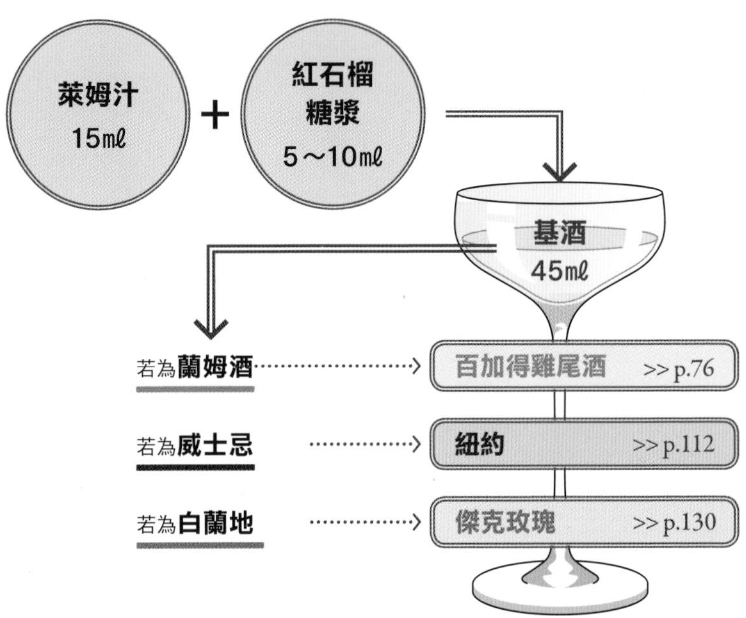

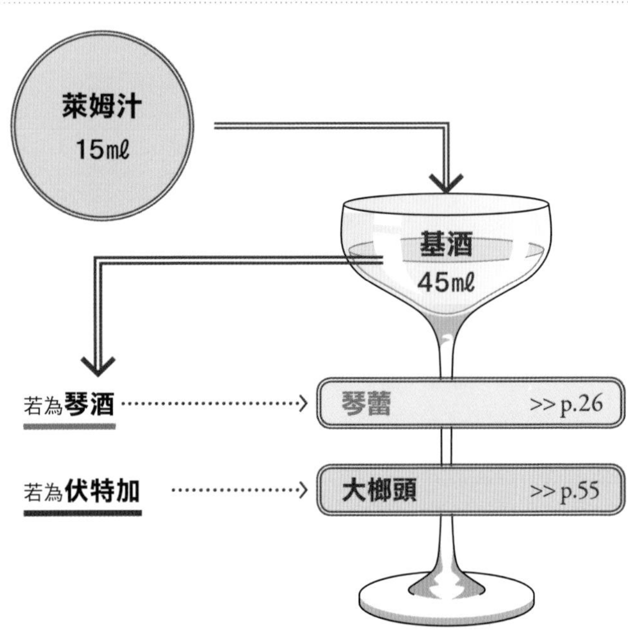

Whisky Cocktail

以威士忌為基底的調酒

威士忌—Whisky

具有美麗琥珀色澤和與豐富香氣的威士忌，是中古世紀歐洲鍊金術師發現蒸餾技術後，進而運用到製酒上而誕生的產物。13世紀後半，鍊金術師阿諾德·維倫紐夫（Arnaud de Villeneuve）將蒸餾出來的高濃度酒液稱作「Aqua Vitae（拉丁文中「生命之水」之意）」，而後開始以長生不老靈藥之名流傳到歐洲各地。

18世紀初期，早已開始製造蘇格蘭威士忌的蘇格蘭被英國併吞，當時英國對威士忌課以繁重的麥芽稅，蘇格蘭於是轉向以其他穀類來製造威士忌，這就是所謂的穀物威士忌。不過英國的稅越課越重，令蒸餾業者踏上私釀的路，並將威士忌藏進空的橡木桶之中。但這個舉動卻意外帶來很棒的效果，桶內熟成過的威士忌，就此有了木桶的風味與琥珀色澤。至於威士忌的原始名稱，蓋爾語的「Uisce Beatha」，則是從拉丁語「Aqua Vitae」翻譯過來的。

威士忌的種類

威士忌可依照原料和製法、以及生產國家大致作出分類。若依原料、製法來分，原料僅有麥芽（Malt），且使用單式蒸餾器所蒸餾而出的威士忌稱作「麥芽威士忌」。而使用了麥芽與玉米等其他穀物，並以連續式蒸餾器所蒸餾出的威士忌則稱為「穀物威士忌」。麥芽威士忌與穀物威士忌調配在一起的威士忌，就是「調和威士忌」了。

而以生產國家來分類的話，主要分成5大生產國所生產的「世界5大威士忌」。分別是「蘇格蘭威士忌」、「愛爾蘭威士忌」、「美國威士忌」、「加拿大威士忌」、「日本威士忌」。

蘇格蘭威士忌

英國蘇格蘭地區製造的威士忌，特色是具有泥煤的煙燻香氣。可說是威士忌的始祖。

美國威士忌

具有紅潤色澤與濃烈香氣的波本威士忌是以玉米為主要原料。美國威士忌還分成田納西威士忌與波本威士忌。

日本威士忌

製法和蘇格蘭威士忌大同小異，不過少了一點煙燻味，味道十分平衡且華麗。

愛爾蘭威士忌

使用大麥麥芽、大麥、裸麥、小麥等穀物為原料，並且不經泥煤煙燻，所以風味十分清淡圓潤。

加拿大威士忌

調和玉米和裸麥所製造的威士忌，香氣十足，味道最為輕盈。

各式各樣的威士忌

百齡罈 紅璽
（Ballantine's Finest）

1895年榮獲皇室御用威士忌資格的蘇格蘭威士忌代表品牌。最早因食品材料行老闆喬治·百齡罈（George Ballantine）於1860年開始調和威士忌而誕生。

酒精濃度：40度
700ml／1390日圓（不含税、價格僅供參考）
生產國：英國（蘇格蘭）
諮詢請洽：三得利烈酒Suntory Spirits

起瓦士12年
（Chivas 12years）

1900年左右誕生的調和威士忌，全球共有超過200個國家皆有販售起瓦士，可說是蘇格蘭威士忌的代表品牌之一。以年分12年的品項最為常見。

酒精濃度：40度
700ml／浮動價格
生產國：英國（蘇格蘭）
諮詢請洽：日本保樂力加Pernod Ricard Japan

尊美醇
（Jameson Irish Whiskey）

1780年誕生於都柏林的愛爾蘭威士忌代表品牌。經過3次蒸餾所創造出的豐富香氣與柔順的口感十分有特色，也很適合調製雞尾酒。

酒精濃度：40度
700ml／2071日圓（不含税、價格僅供參考）
生產國：英國（愛爾蘭）
諮詢請洽：日本保樂力加Pernod Ricard Japan

野火雞
（Wild Turkey）

源自1869年創業的蒸餾廠，是代表肯塔基州的波本威士忌。1940年，當時的老闆為了造訪當地的火雞獵人，生產了一款特別的波本威士忌，因此才取名為野火雞。

酒精濃度：40度
700ml／2200日圓（不含税、價格僅供參考）
生產國：美國
諮詢請洽：三得利烈酒Suntory Spirits

加拿大會所
（Canadian Club）

加拿大威士忌代表品牌。源自於1856年，海爾姆·沃克（Hiram Walker）在加拿大建立蒸餾廠，打造出當時前所未有的輕盈口感，廣受好評。

酒精濃度：40度
700ml／1390日圓（不含税、價格僅供參考）
生產國：美國
諮詢請洽：三得利烈酒Suntory Spirits

竹鶴純麥

以日本威士忌的先驅，1934年在北海道余市成立蒸餾廠的日果（Nikka）創業者竹鶴政孝為名的麥芽威士忌，是一款兼具深邃味道與溫順口感的好酒。

酒精濃度：43度
700ml／3000日圓（不含税、價格僅供參考）
生產國：日本
諮詢請洽：朝日啤酒

寒帶機場裡
將體貼化為行動的
一杯雞尾酒

愛爾蘭威士忌 … 30ml
方糖 … 1顆
熱咖啡 … 適量
打發鮮奶油 … 適量

杯中放入糖、威士忌、咖啡後輕輕攪拌，最後盛上打發鮮奶油。

Irish Coffee
愛爾蘭咖啡

直調法／熱飲杯

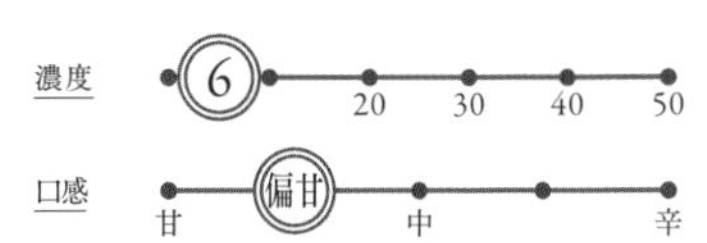

乍看之下只是一杯普通的咖啡，不過這可是一杯實實在在、以愛爾蘭威士忌為基底調製而成的熱調酒。1940年代後半，由愛爾蘭西海岸香農機場（Shannon Airport）內一間餐廳的主任調酒師所發明。為了等待飛機加油而稍作歇息的旅客，端出這一杯飲品來溫暖他們凍僵的身子。

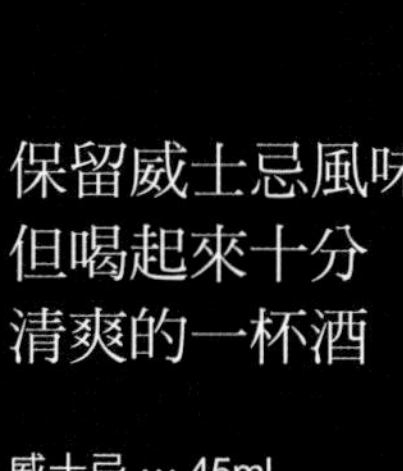

保留威士忌風味
但喝起來十分
清爽的一杯酒

威士忌 … 45ml
檸檬汁 … 20ml
糖漿 … 10ml
檸檬片 … 1片
馬拉斯奇諾櫻桃 … 1顆

雪克杯中放入冰塊與威士忌、檸檬汁、糖漿，進行搖盪後倒入杯中。並將檸檬與櫻桃放入裝飾。

Whisky Sour

威士忌酸酒

搖盪法／酸酒杯

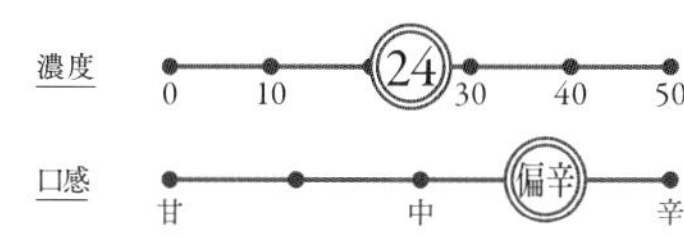

酸酒（沙瓦）是在烈酒中混合柑橘類果汁與砂糖的雞尾酒類型，也是非常古典的一種調酒型態。不但保留了威士忌本身的風味，融為一體的檸檬汁讓整杯酒喝起來非常順口、清爽。馬拉斯奇諾櫻桃淡淡的甜味也對整體味道的平衡做出了一點貢獻。

以「Highball」之名
打響名號的
威士忌兌蘇打

威士忌 … 30〜45ml
氣泡水 … 適量

平底杯中放入冰塊與威士忌，並注入冰鎮的氣泡水，輕輕攪拌。

Whisky Soda

威士忌蘇打

直調法／平底杯

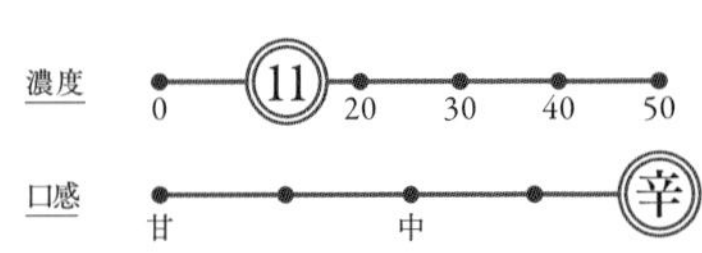

只以氣泡水兑威士忌，十分簡單的雞尾酒，並且在日本出現了一個大家現在耳熟能詳的別名，叫作「Highball」。這杯酒可以讓人輕鬆品嘗威士忌，不過調製時要注意選擇的威士忌具有什麼香氣與個性，而且氣泡水的用量多寡也會改變整體味道，帶出不同特色。

想與老朋友
一同享用
緬懷往日時光的酒

威士忌 … 20ml
不甜香艾酒 … 20ml
金巴利 … 20ml

攪拌杯中放入冰塊與所有材料，
進行攪拌後倒入杯中。

Old Pal

老友

攪拌法／雞尾酒杯

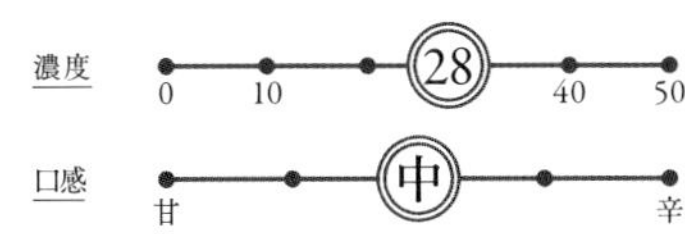

在美國禁酒令年代之前就已經出現，歷史十分悠久的一杯雞尾酒。或許是因為名稱帶有「老夥伴」、「令人懷念的朋友」的意涵，這杯酒的味道混合了威士忌與不甜香艾酒幽幽的甘甜、以及金巴利微微的苦味，彷彿讓人憶起和老朋友相處的往昔時光。

源自美國
可依喜好享用的
古典雞尾酒

波本威士忌 … 45ml
安格仕苦精 … 1 dash
方糖 … 1顆
氣泡水 … 少許
馬拉斯奇諾櫻桃 … 1顆
柳橙片 … 1片
檸檬片 … 1片

杯中放入方糖，滴上安格仕苦精。接著加入氣泡水、冰塊，再注入威士忌，最後以酒叉串起櫻桃、柳橙、檸檬裝飾。

Old Fashioned

古典雞尾酒

直調法／古典杯

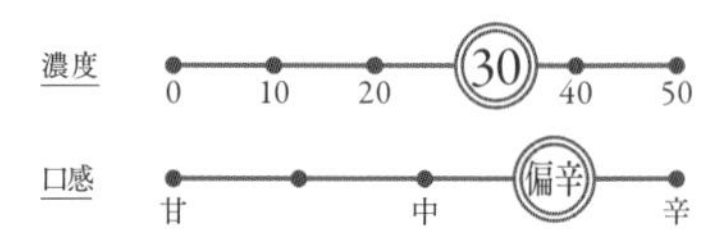

據説是19世紀中葉，肯塔基州的一間酒吧為了賽馬愛好者而創作的一杯雞尾酒。杯底的方糖，吸收了用蘭姆酒浸泡龍膽根等藥草製成的安格仕苦精，飲用者可以自行決定方糖搗碎程度，來調整整杯酒和水果所釋放出的酸、甜、苦味。

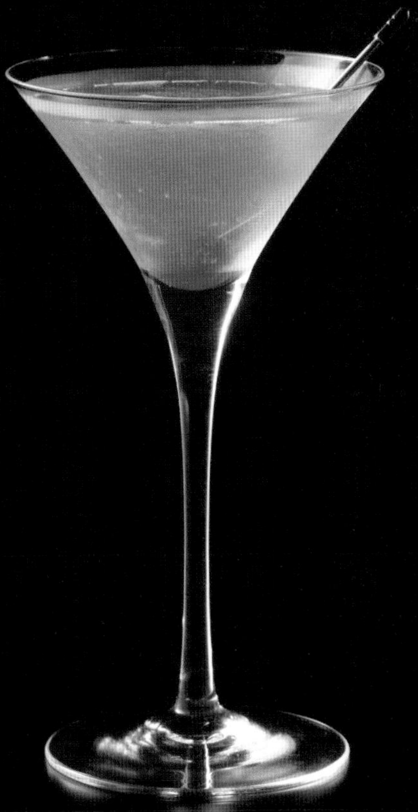

將謝意化為行動
感謝在東方的遭遇
而贈送的酒譜

A | 威士忌 … 30ml
  | 甜香艾酒 … 10ml
  | 白柑橘香甜酒 … 10ml
  | 萊姆汁 … 10ml
馬拉斯奇諾櫻桃 … 1顆

雪克杯中放入冰塊與A，進行搖盪後倒入杯中。並以酒叉插起櫻桃沉入杯底。

Oriental
東方
搖盪法／雞尾酒杯

濃度：0 — 10 — (23) — 40 — 50
口感：甘 — (偏甘) — 中 — 辛

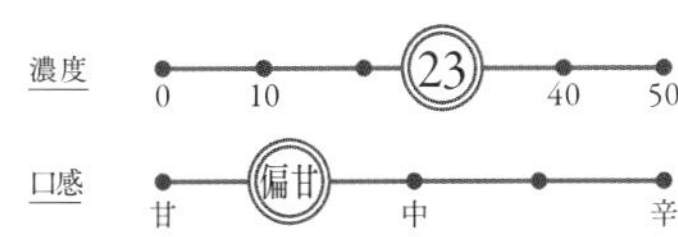

名稱帶有「東洋的」、「東方風格」等意涵的雞尾酒。1924年，有一名美國工程師到菲律賓時染上熱病，不過因為當地醫師搶救而撿回一條命。據說工程師為了答謝，而送給醫生這份酒譜。這是一杯能感受到香草與水果的豐富風味在嘴中漫開的雞尾酒。

於杯中重現
蘇格蘭的
優美溪谷

蘇格蘭威士忌 … 40ml
白柑橘香甜酒 … 10ml
萊姆汁 … 10ml
藍柑橘香甜酒 … 1 tsp.

雪克杯中放入冰塊與所有材料，
進行搖盪後倒入杯中。

King's Valley

國王谷

搖盪法／雞尾酒杯

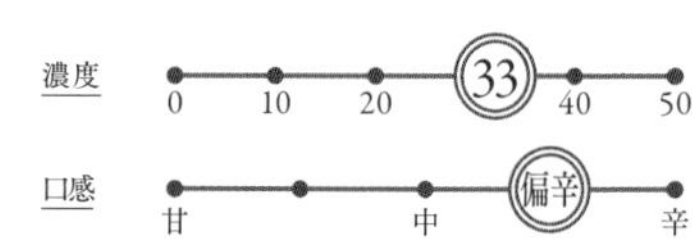

1986年，第1屆蘇格蘭威士忌雞尾酒大賽的優勝作品。獲獎者為當時資生堂「L'Osier」的主任調酒師上田和男先生。完全未使用綠色材料，卻調製出美麗的綠色來呈現蘇格蘭溪谷的印象。上田先生也因為這杯作品，獲得「色彩魔術師」的稱號。

誕生自知名電影
味道濃厚沉穩
的成熟味道

威士忌 … 45ml
杏仁香甜酒 … 15ml

杯中放入冰塊與威士忌、杏仁香甜酒後進行攪拌。

Godfather

教父

直調法／古典杯

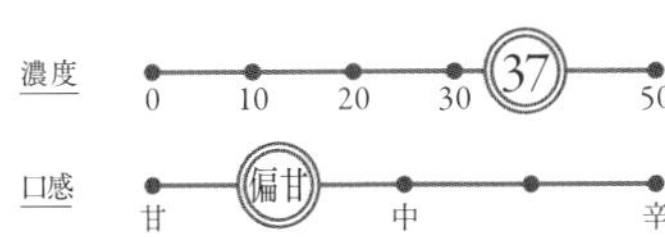

法蘭西斯·柯波拉（Francis Ford Coppola）導演的電影《教父》上映後，於1972年誕生的調酒。杏仁香甜酒的杏仁香氣纏繞在威士忌上，創造出沉穩的成人風味。順帶一題，將基酒換成伏特加的話就會變成「教母」、而換成白蘭地則會變成「法蘭西集團」。

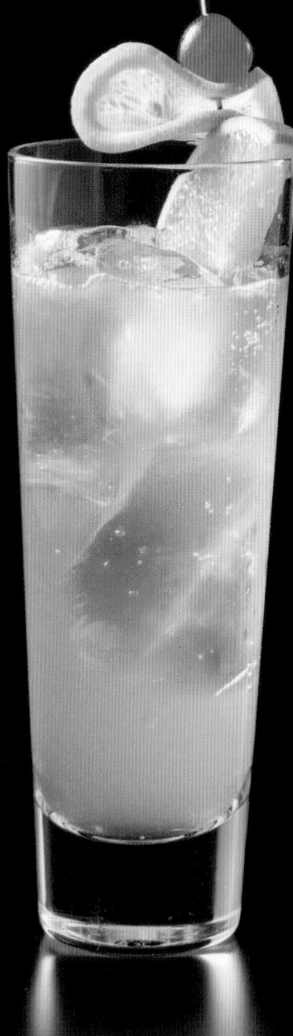

冠以傳奇調酒師
之名的經典調酒

A | 加拿大威士忌 … 45ml
檸檬汁 … 20ml
糖漿 … 10ml
氣泡水 … 適量

柳橙片 … 1/2片
檸檬片 … 1片
馬拉斯奇諾櫻桃 … 1顆

杯中放入冰塊與A後進行攪拌，接著以酒叉串起柳橙、檸檬、櫻桃後放入裝飾。

John Collins

約翰柯林斯

直調法／可林杯

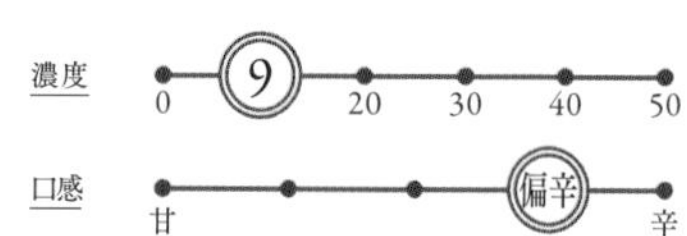

19世紀，倫敦的傳奇調酒師約翰・柯林斯所創作的雞尾酒變化版。烈酒加上檸檬汁與甜味，並添加氣泡水的雞尾酒形式稱作「柯林斯」。現在的「約翰柯林斯」是指以威士忌基底的柯林斯，而以琴酒為基底的柯林斯現在則稱為「湯姆柯林斯」。

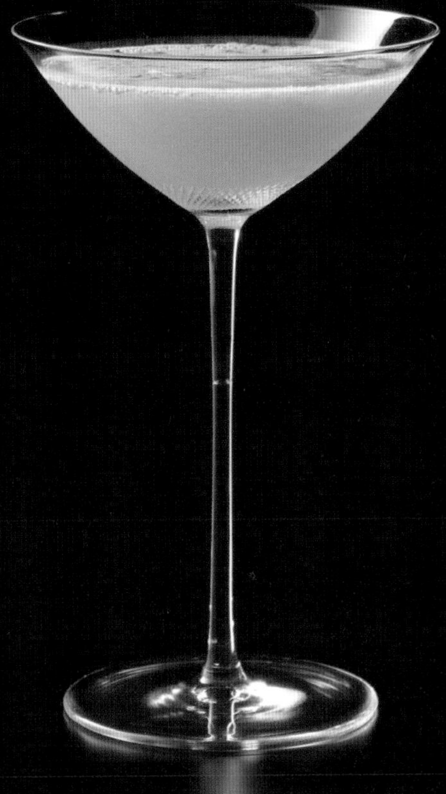

以邱吉爾首相
為意象所創
優雅風味魅力無窮

蘇格蘭威士忌 … 30ml
白柑橘香甜酒 … 10ml
甜香艾酒 … 10ml
檸檬汁 … 10ml

雪克杯中放入冰塊與所有材料，
進行搖盪後倒入杯中。

Churchill

邱吉爾

搖盪法／雞尾酒杯

濃度：0 — 10 — 20 — (29) — 40 — 50

口感：甘 — (中) — 辛

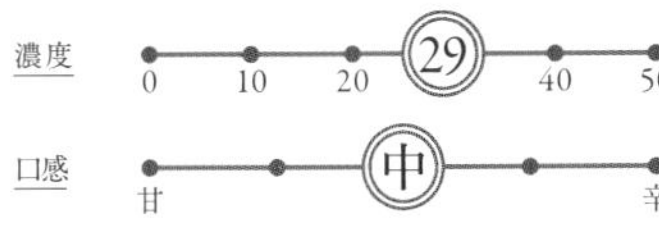

這杯酒的名稱，據說是取自第二次世界大戰戰勝國英國的首相溫斯頓・邱吉爾。芬芳的蘇格蘭威士忌，搭配利口酒的甜味與萊姆汁，打造出順口又優雅的一杯雞尾酒。清爽的口感，可以作為餐前酒來享用。

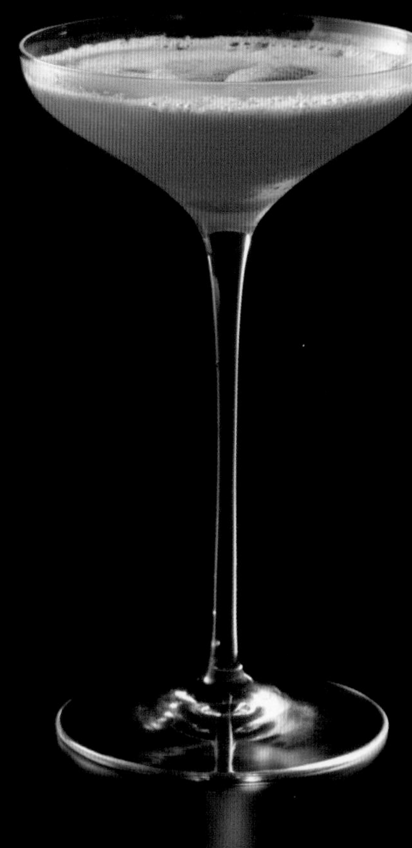

令人想起紐約
夜晚戲劇場景的
雞尾酒

裸麥或波本威士忌 … 45ml
萊姆汁 … 15ml
紅石榴糖漿 … 10ml
柳橙皮 … 適量

雪克杯中放入冰塊與威士忌、萊姆汁、紅石榴糖漿，進行搖盪後倒入杯中。最後噴附柳橙皮油，並將皮投入酒中。

New York

紐約

搖盪法／雞尾酒杯

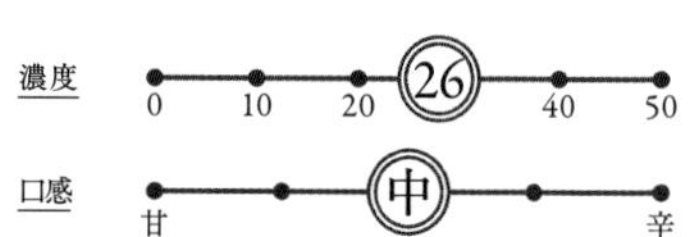

以美國最大都市為名的時髦雞尾酒。基底的威士忌使用裸麥或波本，味道俐落但香氣十足，並且帶有一股甜味，味道十分優雅，讓人聯想到大都會夜晚的戲劇場景。改變柳橙皮油的噴附方式，也可以點綴上些微的苦味，讓這杯酒喝起來更饒富趣味。

如妖艷美女般
帶有嬌甜的芳香

威士忌 … 15ml
甜香艾酒 … 15ml
櫻桃白蘭地 … 15ml
柳橙汁 … 15ml

雪克杯中放入冰塊與所有材料，
進行搖盪後倒入杯中。

Blood & Sand

血與沙

搖盪法／雞尾酒杯

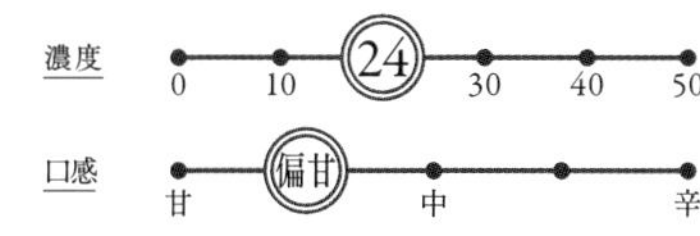

以1922年上映的電影《致命美人心（Blood & Sand）》為名的雞尾酒。電影描述一名欲抱得美人歸的鬥牛士敗給猛牛，鮮血染紅了熱沙。不知道是不是因為這個情節，這杯酒使用了威士忌、甜香艾酒、櫻桃白蘭地營造出甜美而濃厚的香氣，令人想起那令主角神魂顛倒的美女是多麼艷麗。

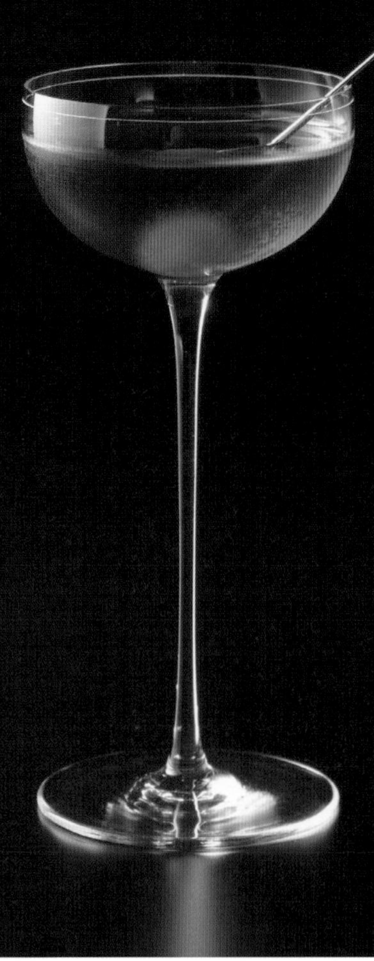

長久以來廣受
全球喜愛的
雞尾酒之后

波本或加拿大威士忌 … 40ml
甜香艾酒 … 20ml
安格仕苦精 … 1 dash
馬拉斯奇諾櫻桃 … 1顆

攪拌杯中放入冰塊與威士忌、甜香艾酒、安格仕苦精，進行攪拌後倒入杯中。最後以酒叉插起櫻桃放入裝飾。

Manhattan

曼哈頓

攪拌法／雞尾酒杯

濃度：0　10　20　(32)　40　50

口感：甘　中　(偏辛)　辛

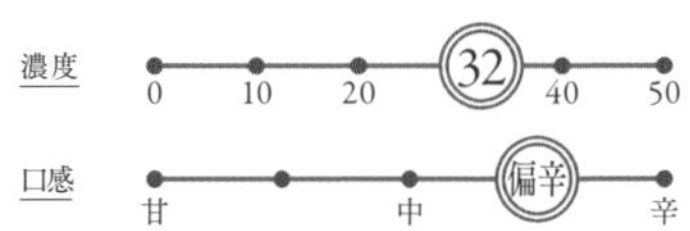

19世紀中葉開始出現大量愛好者的經典調酒，具有「雞尾酒之后」的稱號。波本威士忌的香氣包覆住微微的苦甜滋味，是一杯十分細膩的酒。這杯酒的由來眾説紛紜，目前最有力的説法，是英國首相邱吉爾的母親，在美國總統選舉聲援派對所舉辦的曼哈頓俱樂部中想出的。

賽馬愛好者的最愛！
薄荷搭配波本威士忌
香氣四溢的清爽調酒

波本威士忌 … 60ml
氣泡水 … 少量
糖漿 … 1 tsp.
薄荷葉 … 適量

杯中放入薄荷與氣泡水、糖漿，並加入薄荷後搗碎。接著裝滿碎冰，並注入威士忌，攪拌均勻後放上薄荷葉裝飾，並附上吸管。

Mint Julep

薄荷茱莉普

直調法／可林杯

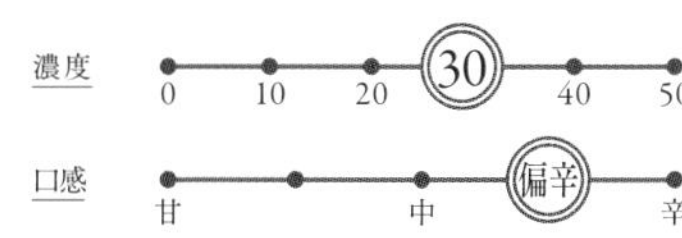

美國南部很早以前就流傳著這種「茱莉普類」的長飲雞尾酒型態。薄荷的清香與氣泡水、碎冰，讓波本威士忌獨特的香氣變成清爽十足的味道。這杯酒也因成為美國三大賽馬比賽之一，肯塔基大賽馬（The Kentucky Derby）的官方指定飲品而出名。

18世紀皇室
秘酒的邀約
深沉而甜美的味道

蘇格蘭威士忌 … 40ml
吉寶蜂蜜香甜酒 … 20ml

杯中放入冰塊與威士忌、吉寶蜂蜜香甜酒，進行攪拌。

Rusty Nail

鏽釘

直調法／古典杯

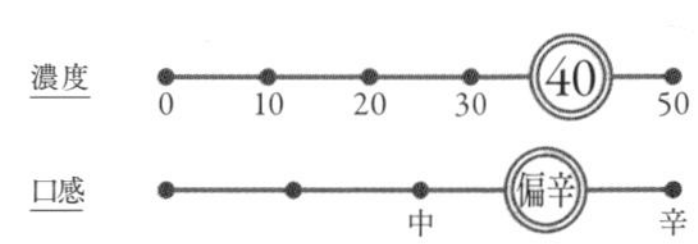

Rusty Nail的意思就是「生鏽的鐵釘」，或是英國俚語中「老舊事物」的意思。在蘇格蘭威士忌中加入蜂蜜與多種香草所製成的吉寶蜂蜜香甜酒，據說是18世紀蘇格蘭皇室的秘酒，歷史十分悠久。而加入蘇格蘭威士忌的吉寶蜂蜜香甜酒，那深沉的甜味，彷彿在向我們訴說歷史的韻味。

讓你在杯中
遇見美好過往時代
的雞尾酒

傑克丹尼爾威士忌 … 55ml
吉寶蜂蜜香甜酒 … 5ml

攪拌杯中放入冰塊與傑克丹尼爾威士忌、吉寶蜂蜜香甜酒，進行攪拌後倒入杯中。可依喜好放上一片薄荷葉裝飾。

Rusty Pen

鏽筆

攪拌法／古典杯

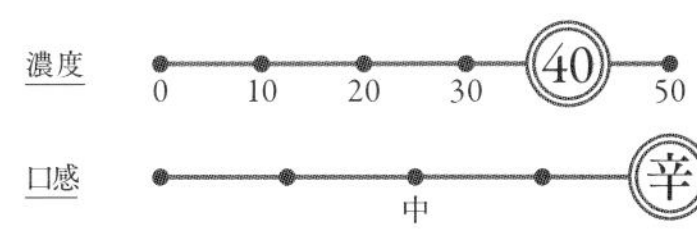

將鏽釘的蘇格蘭威士忌換成傑克丹尼爾威士忌的雞尾酒，為劇本作家倉本聰先生的原創調酒。名稱別出心裁，取作「生鏽的鋼筆」，非常有倉本先生的風格。歷史悠久的吉寶蜂蜜香甜酒，和擁有美國最老蒸餾廠的傑克丹尼爾，在杯中產生了一場味覺上的邂逅。

如麗塔小徑旁
綻放的花一樣艷紅

竹鶴威士忌 … 30ml
蔓越莓汁 … 90ml
氣泡水 … 適量　薄荷葉 … 1片

杯中放入冰塊與所有材料，輕輕攪拌後放上薄荷葉裝飾。

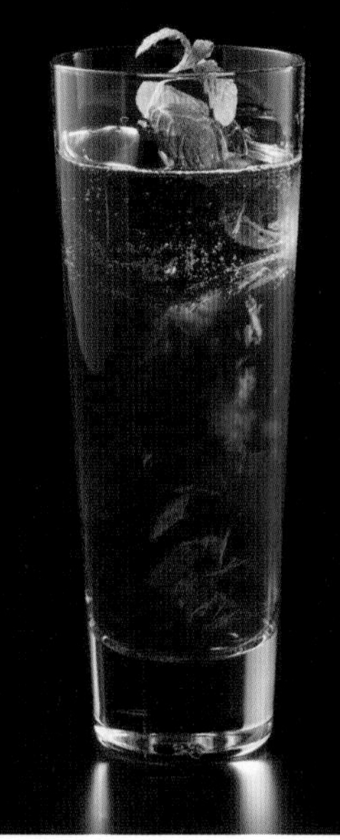

Rita Road

麗塔小徑

直調法／可林杯

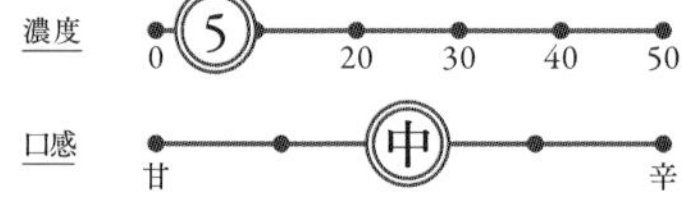

麗塔是日果威士忌創業者竹鶴政孝的夫人，一直以來都扶持著竹鶴。這杯酒是本書審定者渡邊一也先生的原創調酒，以麗塔小徑旁盛開的「紅花七葉樹」為意象，傳遞兩人之間浪漫的故事。

用蘇格蘭威士忌
調製的曼哈頓

蘇格蘭威士忌 … 45ml
甜香艾酒 … 15ml
安格仕苦精 … 1 dash
馬拉斯奇諾櫻桃 … 1顆

攪拌杯中放入冰塊與威士忌、甜香艾酒、安格仕苦精，進行攪拌後倒入杯中。最後以酒叉插起櫻桃放入裝飾。

Rob Roy

羅伯羅伊

攪拌法／雞尾酒杯

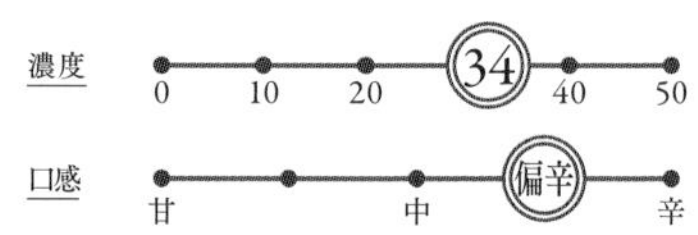

將曼哈頓的波本威士忌換成蘇格蘭威士忌來調製的雞尾酒。名稱源自18世紀有「紅髮羅伯特」之稱的蘇格蘭義賊，羅伯特・羅伊・麥奎格（Robert Roy MacGregor）的暱稱。

Brandy Cocktail

以白蘭地為基底的調酒

白蘭地——Brandy

白蘭地是將葡萄酒蒸餾後製成的酒。不過白蘭地的起源眾說紛紜，沒有一個確定的答案。有一種說法是，白蘭地和威士忌一樣誕生於13世紀後半，由鍊金術師蒸餾葡萄酒後誕生。也有人說是16世紀，荷蘭貿易商為了提高葡萄酒運送效率而拿去蒸餾後產生的（這種蒸餾酒在荷蘭語中稱作「燒葡萄酒」，很受歡迎，據說也成為「白蘭地」這個名稱的由來）。還有人說，是因為17～18世紀，法國干邑區為了清理葡萄酒庫存而拿去蒸餾，結果意外製造出優良的蒸餾酒。

先不論誕生故事的真偽，「白蘭地＝法國」這一點倒是沒人有意見。因為白蘭地是用葡萄酒蒸餾而成，所以理所當然地，現在其他有釀造葡萄酒的國家也大多都有生產白蘭地，而且也出現了種類上的區別。以葡萄為原料製成的稱作「葡萄白蘭地」，而用其他水果製成的則稱作「水果白蘭地」。

白蘭地的種類

白蘭地分成「葡萄白蘭地」和「水果白蘭地」。葡萄白蘭地的代表種類有干邑白蘭地與雅馬邑白蘭地。這兩者都是法國的地名，受「AOC（原產地命名控制）」保護，只有該地區生產的酒款才能冠上這個名稱。法國以外國家生產的葡萄白蘭地就只能稱作白蘭地，有名的例子包含義大利產的渣釀白蘭地。

水果白蘭地之中，包含以蘋果為原料製成的「蘋果白蘭地（Calvados）」、以櫻桃製成的「櫻桃白蘭地（Kirsch）」、以西洋梨為原料製成的「西洋梨白蘭地（Mirabelle）」。而不同生產國也各有不同的名稱。

干邑白蘭地（Cognac）

只有干邑區2處生產的白蘭地才能冠上干邑的名號。經過2次單式蒸餾器蒸餾過後，入桶熟成。

法國白蘭地（Eau de Vie de Vin）

干邑地區與雅馬邑地區之外的法國產白蘭地總稱，法文稱「Eau de Vie de Vin」。

義大利渣釀白蘭地（Grappa）

使用葡萄榨汁後剩下的殘渣為原料製成的義大利白蘭地。不過這和Marc不一樣，大多不會入桶熟成。

雅馬邑白蘭地（Armagnac）

僅能於雅馬邑地區3縣生產，經過半連續式蒸餾器蒸餾1次，並放入黑橡木桶熟成。

法國渣釀白蘭地（Marc）

將釀造葡萄酒時剩下的葡萄殘渣拿去發酵、蒸餾，並放入桶內熟成。也有一些是用蘋果來製作。

水果白蘭地

最知名的是蘋果白蘭地和櫻桃白蘭地。除了飲用之外，也會用於製作蛋糕等甜點。

各式各樣的白蘭地

軒尼詩 V.S
（Hennessy V.S）

世界上最多人飲用的干邑白蘭地代表品牌。1765年，愛爾蘭人李察・軒尼詩（Richard Hennessy）移居法國後所創。據傳日本是在1868年引進。

酒精濃度：40度
700ml／3950日圓（不含稅）
生產國：法國
諮詢請洽：MHD酩悅軒尼詩帝亞吉歐Moët Hennessy Diageo

馬爹利 V.S
（Martell V.S）

歐洲販賣瓶數最多的干邑白蘭地代表品牌。1715年即創立，是所有干邑品牌中歷史最悠久的一家。特色是帶有紫羅蘭般的華麗香氣。

酒精濃度：40度
700ml／浮動價格
生產國：法國
諮詢請洽：日本保樂力加Pernod Ricard

卡慕 VSOP
（Camus VSOP Elegance）

1863年，尚恩・巴蒂斯特・卡慕（Jean-Baptiste Camus）所創，是現存的家族經營干邑酒商中最大的一間。整整五代都維持著傳統，持續出產高品質干邑白蘭地。

酒精濃度：40度
700ml／5960日圓（不含稅、價格僅供參考）
生產國：法國
諮詢請洽：朝日啤酒

拿破崙 V.S.O.P.
（Courvoisier VSOP）

1805年創立此品牌的艾曼紐耶・庫瓦西爾（Emmanuel Courvoisier）曾將此干邑白蘭地進貢給拿破崙1世。1869年更受拿破崙3世指定為御用酒款。拿破崙一詞甚至成為白蘭地的一種等級。

酒精濃度：40度
700ml／8700日圓（不含稅、價格僅供參考）
生產國：法國
諮詢請洽：三得利烈酒Suntory Spirits

夏堡 VSOP
（Chabot VSOP）

夏堡為16世紀一名法國海軍將領的名字，夏堡的後代子孫於1828年創立這項雅馬邑白蘭地的代表品牌。目前夏堡的出口瓶數是法國雅馬邑白蘭地中最多的。

酒精濃度：40度
700ml／5600日圓（不含稅、價格僅供參考）
生產國：法國
諮詢請洽：三得利烈酒Suntory Spirits

布拉德特級蘋果白蘭地
（Boulard Pays dauge Calvados）

以蘋果為原料製成的蘋果白蘭地代表品牌。使用法國諾曼第地區特有的優質蘋果為原料，勾兑熟成2～5年的原酒而成。橡木桶的熟成香氣也是這款酒的特色之一。

酒精濃度：40度
700ml／4500日圓（不含稅、價格僅供參考）
生產國：法國
諮詢請洽：三得利烈酒Suntory Spirits

蘋果白蘭地
風味十足的香氣
適合女性的一杯酒

蘋果白蘭地 … 40ml
檸檬汁 … 10ml
紅石榴糖漿 … 10ml

雪克杯中放入冰塊與所有材料，進行搖盪後倒入杯中。

Apple Jack

蘋果傑克

搖盪法／雞尾酒杯

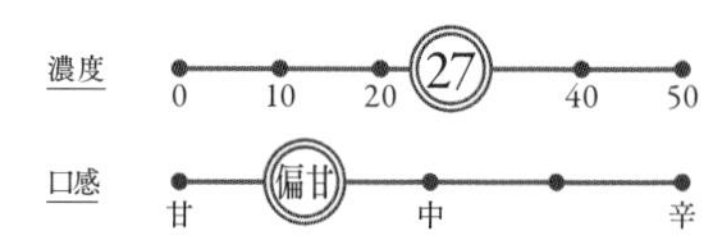

這杯雞尾酒使用蘋果汁發酵後蒸餾製成的蘋果白蘭地，蘋果本身的果香風味加上檸檬的酸以及淡淡的甜味，創造出清爽的口味。紅石榴糖漿使整杯酒色呈現紅色，可說是一杯非常適合女性飲用的酒。

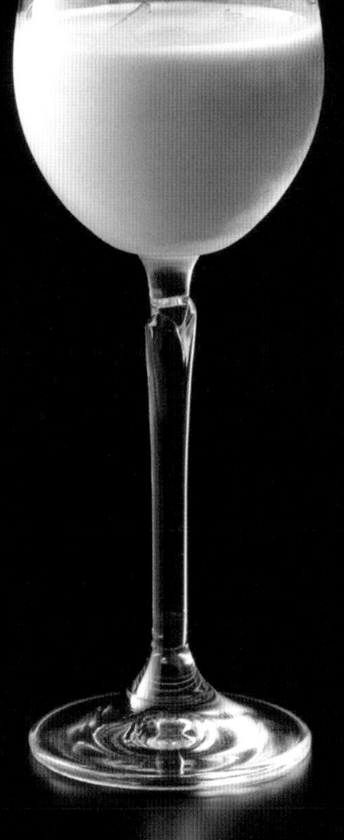

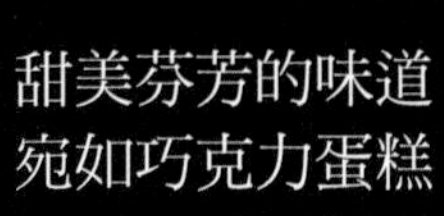

甜美芬芳的味道
宛如巧克力蛋糕

白蘭地 … 20ml
可可利口酒 … 20ml
鮮奶油 … 20ml

雪克杯中放入冰塊與所有材料，
進行搖盪後倒入杯中。

Alexander

亞歷山大

搖盪法／雞尾酒杯

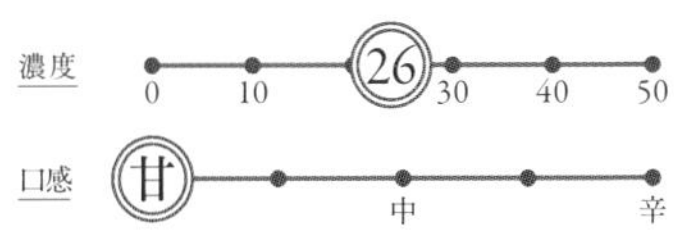

白蘭地的香味與可可利口酒和鮮奶油交融在一塊，味道彷彿甜美綿密的高級巧克力蛋糕。據說這杯酒當初是為了紀念英國王子愛德華7世與丹麥的亞歷山大公主結婚而發明。這杯酒口感雖然綿密，但濃度也不低，注意別喝多了。

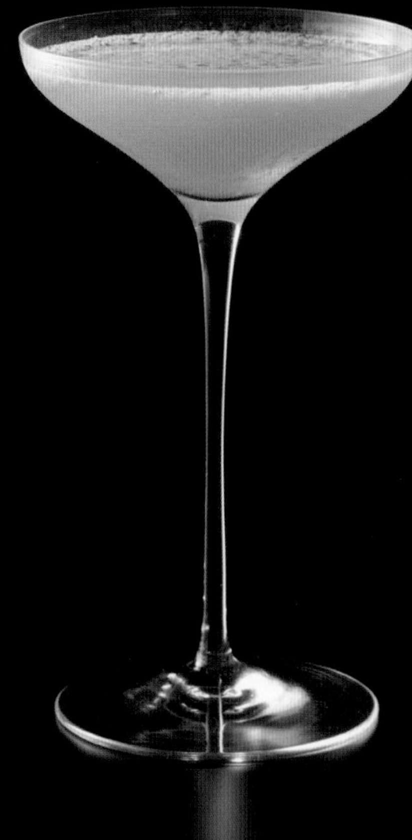

誕生於巴黎的
奧運紀念雞尾酒

白蘭地 … 20ml
棕色柑橘香甜酒 … 20ml
柳橙汁 … 20ml

雪克杯中放入冰塊與所有材料，進行搖盪後倒入杯中。

Olympic

奧林匹克

搖盪法／雞尾酒杯

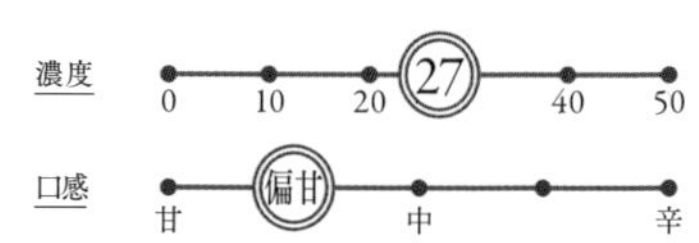

為紀念1900年巴黎奧運，由巴黎麗茲飯店（Ritz Paris）所發明的雞尾酒。柑橘香甜酒的淡淡苦味和果汁的甜味令白蘭地味道更有深度，而且所有材料以1：1：1的比例下去調製，是這杯酒無可撼動的黃金比例。

不同於名稱
新鮮感十足
的絕妙平衡

A | 白蘭地 … 30ml
瑪拉斯奇諾櫻桃酒 … 10ml
柳橙汁 … 10ml
檸檬汁 … 10ml
砂糖 … 適量

雪克杯中放入冰塊與A，進行搖盪後倒入糖口雪花杯中。

Classic
經典
搖盪法／雞尾酒杯

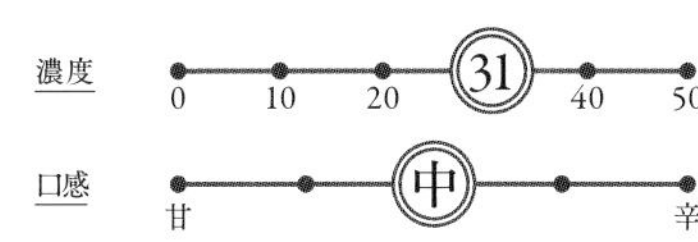

香氣四溢的白蘭地，混合了3種不同的水果風味，帶來一杯完全不符合名稱的全新口感。這樣的組合十分平衡，而以砂糖裝飾的雪花杯，又替整杯酒錦上添花。

擁有足以令死者
復活的濃烈衝擊力

白蘭地 … 40ml
卡爾瓦多斯 … 10ml
甜香艾酒 … 10ml
檸檬皮 … 適量

攪拌杯中放入冰塊與白蘭地、卡爾瓦多斯、甜香艾酒，進行攪拌後倒入杯中。最後噴附檸檬皮油。

Corpse Reviver

亡者復甦

攪拌法／雞尾酒杯

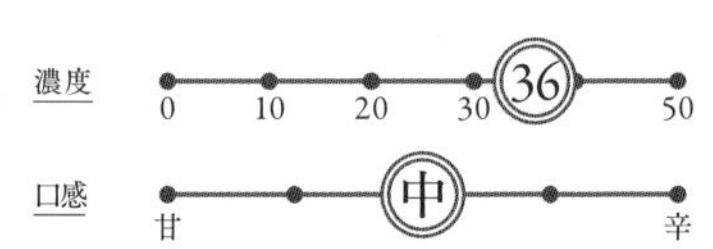

使用白蘭地與卡爾瓦多斯（蘋果白蘭地）2種白蘭地來混合，顏色與味道都十分渾厚，再加上甜香艾酒增添豐潤感。而最後噴附的檸檬皮油，更將整體香味鎖在一起。是一杯衝擊力十足，確實可以取作「亡者復甦」的強烈酒品。

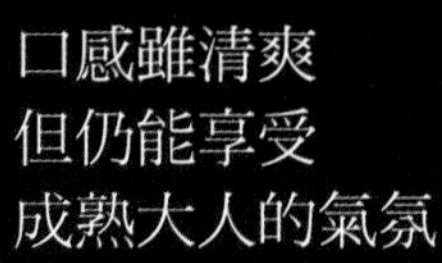

白蘭地 … 30ml
薄荷利口酒（白）… 15ml
甜香艾酒 … 15ml

攪拌杯中放入冰塊與所有材料，進行攪拌後倒入杯中。

Cold Deck

老千

攪拌法／雞尾酒杯

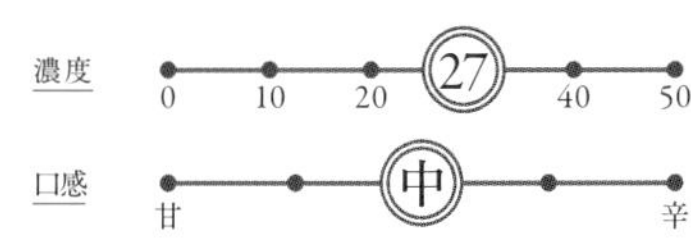

白蘭地加上薄荷利口酒與甜香艾酒，營造出口感柔順又清爽的一杯酒。不過入口後薄荷的清涼感所帶出的豐富風味與細緻香氣，與白蘭地帶給雞尾酒杯的深琥珀色彩相得益彰，讓人依然有辦法享受屬於成熟大人的氣氛。

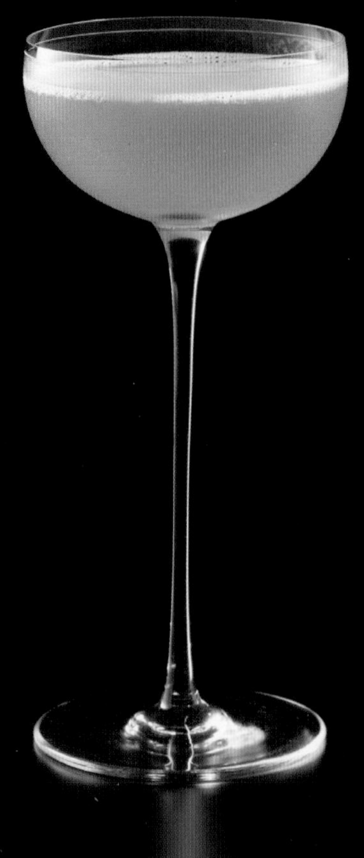

酒譜簡單
搖盪類調酒的
基礎型態

白蘭地 … 30ml
白柑橘香甜酒 … 15ml
檸檬汁 … 15ml

雪克杯中放入冰塊與所有材料，
進行搖盪後倒入杯中。

Sidecar

側車

搖盪法／雞尾酒杯

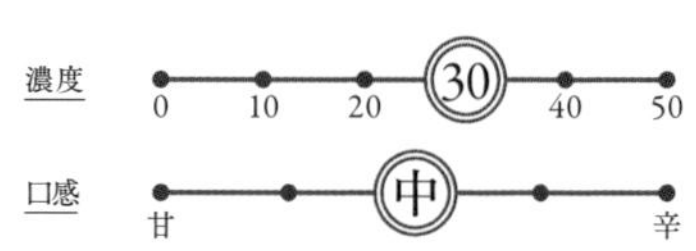

烈酒與白柑橘香甜酒、檸檬汁這項黃金組合的其中一項，眾人視其搖盪類雞尾酒的基礎型態。以白蘭地為基底調製的側車，不僅帶有白蘭地本身濃厚的風味與白柑橘香甜酒的香氣，更融合了檸檬的酸味，可以享受到十分均衡的果香感。

外觀與味道都
十分奢華的
時髦雞尾酒

A｜白蘭地 … 45ml
｜棕色柑橘香甜酒 … 2 drop
｜安格仕苦精 … 1 dash
香檳 … 適量
砂糖 … 適量

雪克杯中放入冰塊與A，進行搖盪後倒入糖口雪花杯中。接著加入冰鎮的香檳。

Chicago
芝加哥
搖盪法／香檳杯

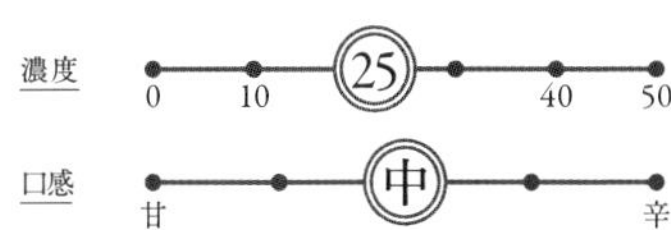

以美國大都市芝加哥為名的雞尾酒，香檳的氣泡在琥珀色的酒液中舞動，看起來十分絢麗。香檳細緻的氣泡令白蘭地變得更爽口，而杯口上的砂糖則勾勒出味道的輪廓。是一杯可以享受奢華感的雞尾酒。

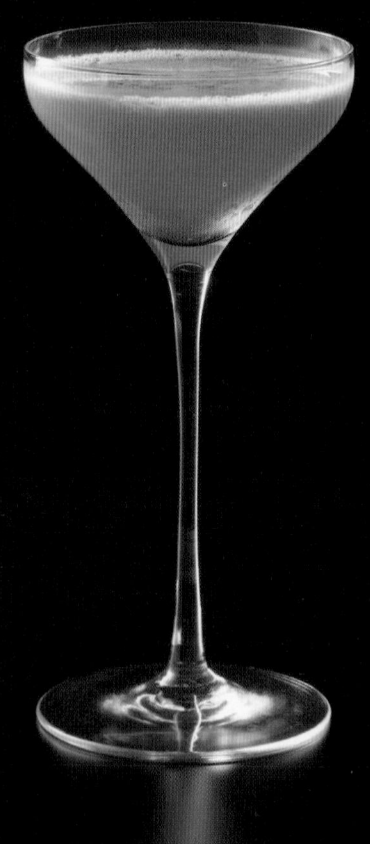

美麗的玫瑰色
散發出優雅氣息的
成熟口味

卡爾瓦多斯 … 30ml
萊姆汁 … 20ml
紅石榴糖漿 … 10ml

雪克杯中放入冰塊與所有材料，進行搖盪後倒入杯中。

Jack Rose

傑克玫瑰

搖盪法／雞尾酒杯

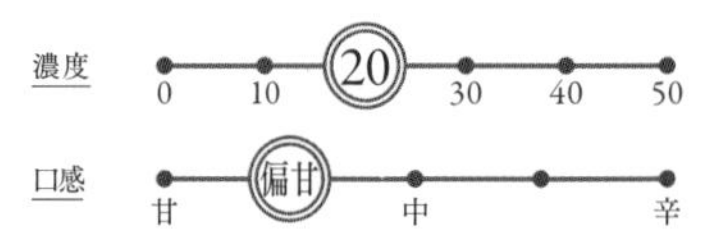

雞尾酒名源自美國產的蘋果白蘭地「Apple Jack」，不過近年來大多都使用法國產的卡爾瓦多斯來調製。酸甜口味與淡雅香氣，配合玫瑰般的美麗色彩，營造出一杯宛如優雅成熟女性、充滿魅力的一杯酒。

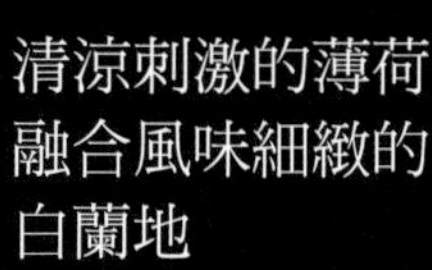
清涼刺激的薄荷
融合風味細緻的
白蘭地

白蘭地 … 45ml
薄荷利口酒（白）… 15ml

雪克杯中放入冰塊與白蘭地、薄荷利口酒，進行搖盪後倒入杯中。

Stinger
譏諷者
搖盪法／雞尾酒杯

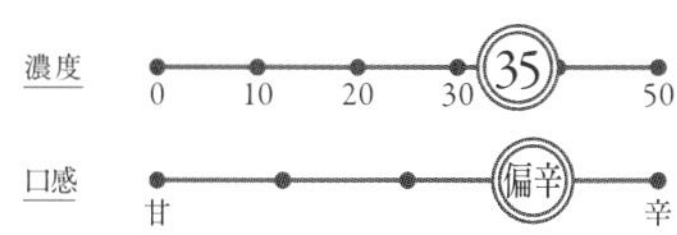

據説於20世紀初期，由紐約「The Colony」餐廳所發明，是一杯很有代表性的餐後酒。Stinger有「針」、「刺」、「諷刺」的意思。入口先是薄荷清涼的刺激感，接著白蘭地柔和的香氣會包起整個酒體，可説是一杯非常符合成熟人士感覺的一杯酒。

受櫻花啟發
而誕生的傑出
日本雞尾酒

白蘭地 … 20ml
櫻桃白蘭地 … 30ml
棕色柑橘香甜酒 … 1 tsp
紅石榴糖漿 … 1 tsp
檸檬汁 … 10ml

雪克杯中放入冰塊與所有材料，進行搖盪後倒入杯中。

Cherry Blossom

櫻花

搖盪法／雞尾酒杯

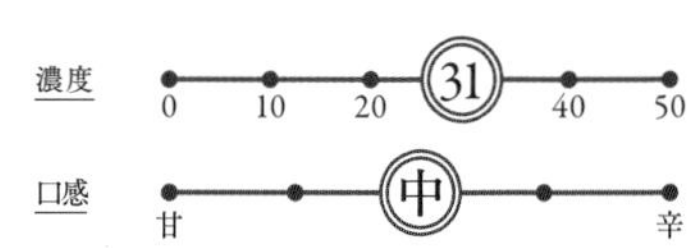

大正時代，橫濱知名酒吧「Paris」的老闆田尾多三郎先生以「櫻花」為意象所創造的日本原創雞尾酒。以白蘭地以及櫻桃白蘭地為基底，搭配柑橘香甜酒與紅石榴糖漿的香氣與甜味，交融成飽滿的風味。其纖細的平衡也十分出色。

消除一整天的疲勞
領你前往舒服
夢鄉的一杯酒

白蘭地 … 20ml
棕色柑橘香甜酒 … 20ml
茴香酒 … 20ml
蛋黃 … 1顆

雪克杯中放入冰塊與所有材料，
充分搖盪後倒入杯中。

Night Cap

睡前酒

搖盪法／雞尾酒杯

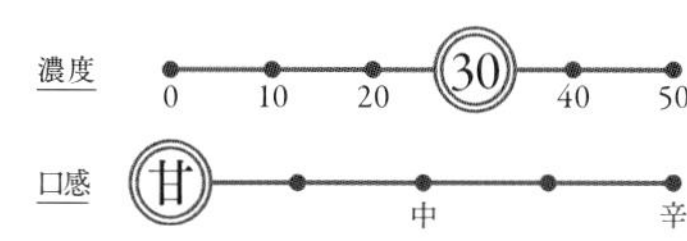

如名稱所示，是一杯屬於就寢前飲用的「睡前酒」。茴香酒是以茴香籽為主要原料製成的利口酒，強烈的香氣與獨特的甜味，可以帶出白蘭地圓潤的特性。而且這杯酒加入了蛋黃的濃郁口感，是一杯具備滋補強身、消除疲勞效果的「睡前酒」。

在口中調製完成
的獨特雞尾酒

白蘭地 … 適量
砂糖 … 1 tsp.
檸檬片 … 1片

杯中倒入白蘭地，並蓋上檸檬片，再放上砂糖。

Nikolaschka

尼克拉斯加

直調法／利口酒杯

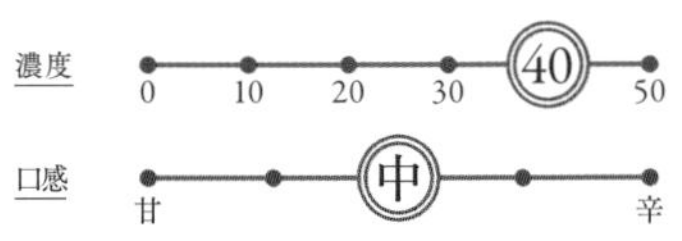

宛如戴著帽子一樣的外觀令人吃驚，而且不知道該怎麼喝才好的奇特雞尾酒。飲用方法是將檸檬片對摺，包起砂糖後放入嘴中咀嚼，當嘴中充滿酸甜時再趕快喝下白蘭地。這杯酒是在嘴中完成，而不是在杯中混合調製，發想十分特殊。

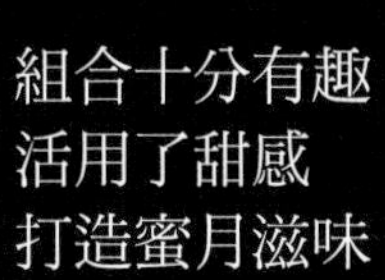
組合十分有趣
活用了甜感
打造蜜月滋味

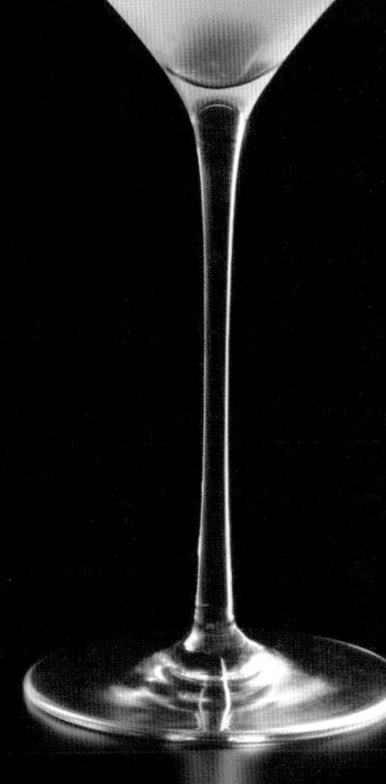

A
- 蘋果白蘭地 … 30ml
- 班尼迪克丁D.O.M … 10ml
- 棕色柑橘香甜酒 … 5ml
- 檸檬汁 … 15ml

馬拉斯奇諾櫻桃 … 1顆

雪克杯中放入冰塊與所有材料，進行搖盪後倒入杯中。最後沉入櫻桃。

Honeymoon

蜜月

搖盪法／雞尾酒杯

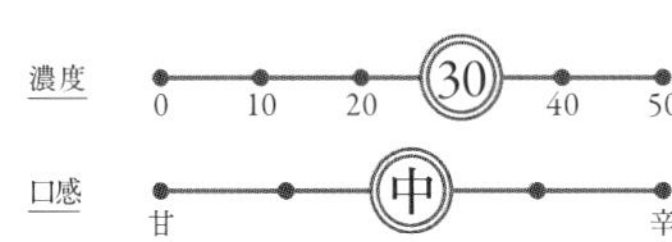

酒譜概念基本上是將水果風味的材料混合，打造出清新的甜感，不過加了班尼迪克丁（Benedictine D.O.M）豐富的甜蜜滋味，成了一杯讓人在蜜月的甜美之中，還能品味人生奧妙的雞尾酒。班尼迪克丁是一種神祕的利口酒，依循現存最古老配方製成，具有「獻給至高無上的神」的意涵。

留到夜晚的最後
好好享受一杯
大人的滋味

白蘭地 … 20ml
白色蘭姆酒 … 20ml
白柑橘香甜酒 … 20ml
檸檬汁 … 1 tsp.

雪克杯中放入冰塊與所有材料，進行搖盪後倒入杯中。

Between the Sheets

床笫之間

搖盪法／雞尾酒杯

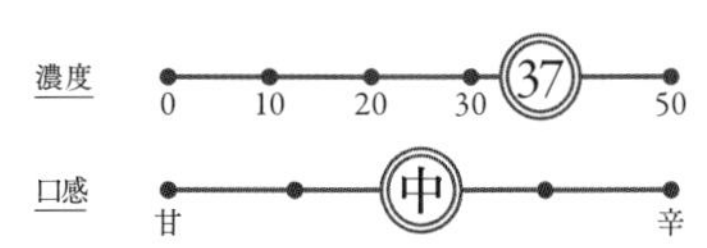

這杯酒的名稱是「我們上床吧」。你可以視其為一種暗示，或單純當成一杯睡前酒來飲用。但不管是什麼意思，都是適合「想作個好夢」時喝的一杯酒。不過這杯酒混合了白蘭地、白色蘭姆酒、白柑橘香甜酒，香氣十足之餘，酒精濃度也非常高，喝完後小心別流連夢鄉了。

杯中的檸檬皮
就像馬的脖子

白蘭地 … 45ml
薑汁汽水 … 適量
檸檬皮 … 1顆分

將檸檬皮削成螺旋狀裝飾於杯中，接著加入冰塊與白蘭地，最後注入冰鎮的薑汁汽水，輕輕攪拌。

Horse's Neck

馬頸

直調法／平底杯

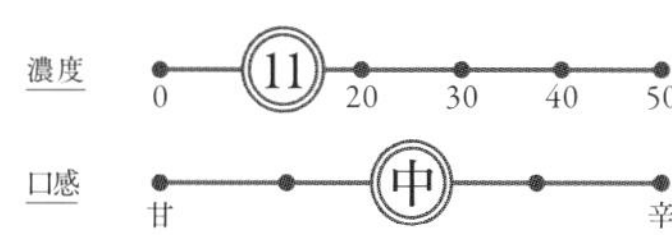

這杯酒之所以取作「馬頸」有很多說法，最好懂的說法應該是：「因為削成螺旋狀的檸檬皮浸在酒中，看起來很像馬的脖子」。這杯酒的魅力，在於用薑汁汽水兌白蘭地後所增加的輕快感，非常容易入口。據說美國第26任總統羅斯福也很愛喝這杯。

使用香檳的
異國風情
長飲雞尾酒

白蘭地 … 30ml
鳳梨汁 … 20ml
香檳 … 適量
馬拉斯奇諾櫻桃 … 1顆
鳳梨 … 適量

杯中放入冰塊與白蘭地、鳳梨汁後輕輕攪拌，接著倒入冰鎮的香檳。最後以酒叉串起櫻桃與鳳梨後放上裝飾。

Moulin Rouge

紅磨坊

直調法／可林杯

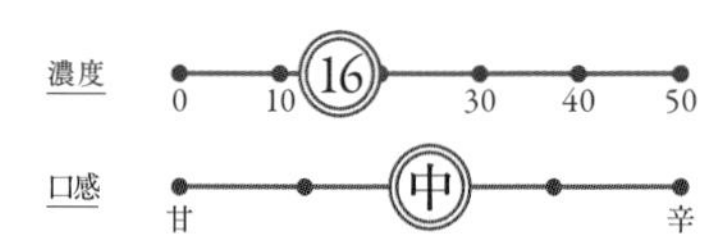

以位於巴黎蒙馬特，有「紅磨坊」之意的老字號歌舞廳為名。鳳梨與櫻桃的裝飾，讓外表更有異國情調且華麗。白蘭地的風味，加上鳳梨汁的酸甜與香檳的輕盈，讓整杯酒喝起來一點也不重。

Liqueur Cocktail

以利口酒為基底的調酒

利口酒（香甜酒）—— Liqueur

利口酒替雞尾酒帶來不可或缺的色彩與味道，種類豐富，且各具特色。利口酒是在蒸餾酒中加入香草或香料、水果等其他材料來增添香氣的再製酒，每個國家的分類標準都不一樣。歐美各國在酒精濃度和糖分含量上都有嚴格的規定，不過日本酒稅法上對利口酒的定義就十分模糊。一般來說，大家對利口酒的印象都是「在蒸餾酒中添加了香氣成分的東西」。

Liqueur一語的起源，最有力的說法是源自西班牙鍊金術師所製造的一款酒，叫作「Liquefacere」（拉丁語中有「溶入」的意思）。而將各種藥草成分萃取進酒液中的利口酒，在13世紀時是非常珍貴的藥品，到了16世紀時也擁有「液體寶石」、「可以喝的香水」等別稱，吸引了許多貴婦的目光。現在隨著技術發達，新類型的利口酒也層出不窮。

利口酒的種類

利口酒的分類關鍵在於香味成分，主要可分成4大類：萃取了清新水果香氣的「水果類」、帶有各種香草與香料風味的「藥草類」、以咖啡和可可、杏仁果等堅果入酒的「堅果類」。最後是因為技術演進，原本難以和酒精融合的蛋等動物性成分如今也可以成功與酒液融合，因而產生了「特殊風味類」的利口酒。

像這樣，大家雖然都稱作利口酒，但不同香味也可以區分成許多類別，每一種利口酒的味道與享受方法都不一樣，它們豐富的個性也創造出多采多姿的雞尾酒。

水果類

活用水果特有的清新香氣，是十分受歡迎的利口酒種類。主要有自莓果和熱帶水果等果肉部分萃取成分製成的利口酒，以及從柑橘類等果皮部分萃取成分製成的利口酒。

藥草類

使用香草和香料的利口酒，不僅保留過去當藥酒使用時的效果，香氣也更勝以往，負責增加雞尾酒味道的深度。雖然也有一些種類的味道比較複雜，不過最近的藥草類利口酒都降低了苦味，容易入口多了。

堅果類

具有水果的種子或果核、咖啡、可可豆等香氣的利口酒。雖然帶有苦味，但同時也具有甜美的濃郁口感。不僅會用來製作雞尾酒，也常常會用在製作甜點上。

特殊風味類

在烈酒中加入蛋和乳製品等動物性成分的利口酒，是創造嶄新口味的雞尾酒時不可或缺的成員。現在由於技術進步，出現了許多新穎的特殊風味類利口酒。

各式各樣的利口酒

MB杏桃香甜酒（Marie Brizard Apry）

嚴選杏桃浸漬於干邑白蘭地中所製成的利口酒。瑪莉・布里薩德（Marie Brizard）是一名波爾多桶匠的女兒，出生於1714年。她最早是為了製作藥酒，而創立了這間利口酒品牌。

酒精濃度：20.5度
700ml／2760日圓（不含稅、價格僅供參考）
生產國：法國
諮詢請洽：日本酒類販賣

南方安逸香甜酒（Southern Comfort）

1874年，紐澳良一名調酒師馬丁・威爾克斯・赫倫（Martin Wilkes Heron）所發明的水果風味利口酒。其銷路已擴展至全球80個以上的國家。

酒精濃度：21度
750ml／1950日圓（不含稅、價格僅供參考）
生產國：美國
諮詢請洽：朝日啤酒

波士 野莓琴酒（Bols Sloe Gin）

使用歐洲特有野莓來製成一種叫做野莓琴酒的利口酒。這種酒果香豐富且甘甜，經常用來調製雞尾酒。波士的野莓琴酒擁有超過100年的歷史。

酒精濃度：33度
700ml／1740日圓（不含稅、價格僅供參考）
生產國：荷蘭
諮詢請洽：朝日啤酒

金巴利（Campari）

好喝的微苦口味，是義大利最具代表性的利口酒。1860年，賈斯帕雷・金巴利（Gaspare Campari）在米蘭開設一間餐廳，並以這支酒作為餐前酒，獲得廣大迴響。金巴利使用了以苦橙等多種香草調配而成。

酒精濃度：25度
750ml／浮動價格　生產國：義大利
諮詢請洽：三得利烈酒Suntory Spirits

傑特27薄荷利口酒（Get 27 Peppermint Liqueur）

清涼感與甜感都十分出色，是代表傑特27品牌的一支利口酒。法國傑特兄弟接收了一間於1760年創立的蒸餾廠，並於1796年想出這種提燈型的酒瓶，結果大受歡迎。

酒精濃度：21度
700ml／1851日圓（不含稅、價格僅供參考）
生產國：法國
諮詢請洽：日本百加得BACARDI JAPAN

波士 棕色可可利口酒（Bols Crème De Cacao Brown）

萃取出可可豆成分後所做成的甜美巧克力風味利口酒。棕色是黑巧克力的風味，而另外也有一款白可可利口酒，酒液透明無色，帶有牛奶巧克力的風味。

酒精濃度：24度
700ml／1740日圓（不含稅、價格僅供參考）
生產國：荷蘭
諮詢請洽：朝日啤酒
※ 關於「Crème De」一名的詳細介紹請參照p.163。

享受美麗分層
交織出的繽紛色彩

紅石榴糖漿 … 1/5杯
薄荷利口酒（綠）… 1/5杯
瑪拉斯奇諾櫻桃酒 … 1/5杯
夏特勒茲（黃）… 1/5杯
白蘭地 … 1/5杯

自紅石榴糖漿開始依序將材料以1/5杯等分的量以漂浮方式加入杯中。

Pousse-Café

普施咖啡

直調法／普施咖啡杯

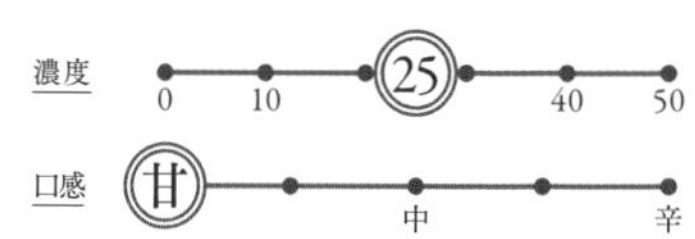

將多種烈酒與利口酒等原料，依照比重大小來依序堆疊，是一杯可以觀賞到色彩層層分明、喝起來很有氣氛的雞尾酒。飲用時不要攪拌，可以拿吸管自己挑喜歡的那一層喝。雞尾酒名帶有「將咖啡推開」的意思，通常作為餐後酒飲用。

以氣泡水帶出
杏桃香氣的
清爽雞尾酒

A｜杏桃白蘭地 … 30ml
　｜檸檬汁 … 15ml
　｜紅石榴糖漿 … 10ml
氣泡水 … 適量
柳橙片 … 1/2片
檸檬片 … 1片
馬拉斯奇諾櫻桃 … 1顆

雪克杯中放入冰塊與A，進行搖盪後倒入加了冰塊的杯中。接著注入氣泡水並輕輕攪拌，最後以酒叉串起水果放上裝飾。

Apricot Cooler

杏桃酷樂

搖盪法／可林杯

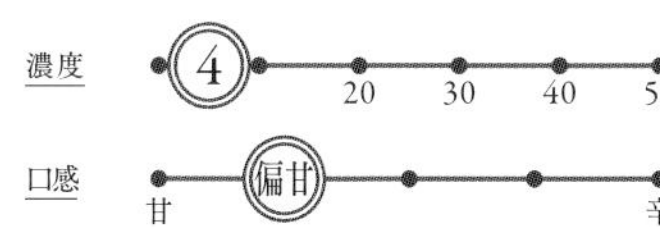

以杏桃白蘭地為基底的酷樂類長飲雞尾酒。杏桃的甜美香氣加上檸檬汁的酸與紅石榴糖漿，讓整杯酒的味道與色澤都更有深度。喝下去時的氣泡感十分清涼暢快，令人想在炎炎夏日喝上一杯。

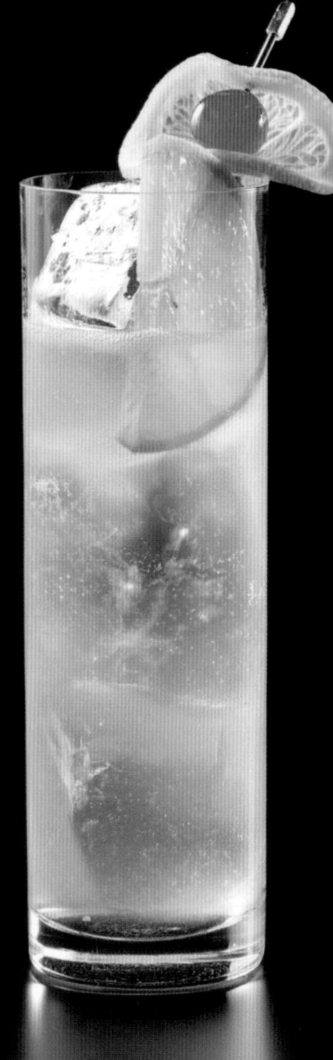

使用南方安逸的
柯林斯雞尾酒

南方安逸 … 40ml
檸檬汁 … 20ml
七喜 … 適量
柳橙片 … 1/2片
檸檬片 … 1片
馬拉斯奇諾櫻桃 … 1顆

杯中放入冰塊與南方安逸以及檸檬汁，進行攪拌後加入冰鎮的七喜汽水，再輕輕攪拌一下。最後以酒叉串起水果放上裝飾。

Georgia Collins

喬治亞柯林斯

直調法／可林杯

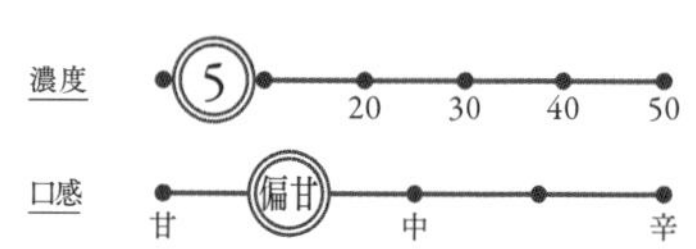

南方安逸是19世紀於紐奧良誕生的水果風味利口酒，在使用蜂蜜所蒸餾出的烈酒中加入桃子與柳橙、檸檬等數十種水果與香草製成。這杯酒便是以南方安逸為基底的湯姆柯林斯變化版。

以超賣座電影之
女主角為名的
雞尾酒

南方安逸 … 30ml
蔓越莓汁 … 20ml
檸檬汁 … 10ml

雪克杯中放入冰塊與所有材料，
進行搖盪後倒入杯中。

Scarlett O'Hara

郝思嘉

搖盪法／雞尾酒杯

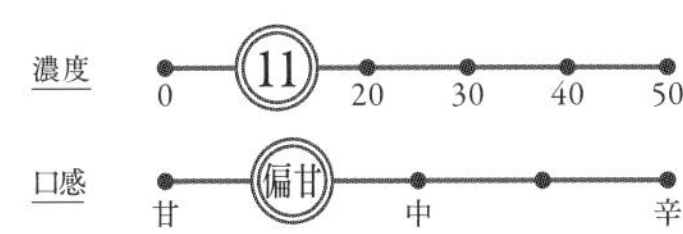

這杯酒的名稱，來自電影《亂世佳人》的女主角郝思嘉。這部作品原是瑪格麗特・米契爾（Margaret Mitchell）以南北戰爭時期美國南部為舞台所創作的小說，改編成的電影也十分賣座。使用美國南部的利口酒南方安逸，熱情的紅色酒液令人想起高潮迭起的電影內容。

能以清爽的方式
享用野莓琴酒的味道

A | 野莓琴酒 … 30ml
檸檬汁 … 15ml
糖漿 … 1 tsp.

氣泡水 … 適量
檸檬片 … 1片
馬拉斯奇諾櫻桃 … 1顆

雪克杯中放入冰塊與A，進行搖盪後倒入平底杯中。接著放入冰塊，注入冰鎮的氣泡水，輕輕攪拌後放上檸檬與櫻桃來裝飾。

Sloe Gin Fizz

野莓琴費斯

搖盪法／平底杯

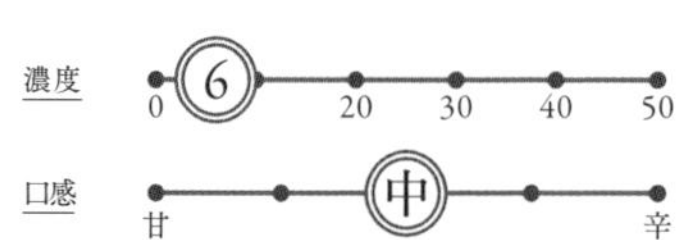

將琴費斯所使用的不甜琴酒更換成野莓琴酒的雞尾酒。在野莓琴酒那酸甜且香氣優雅的野莓（黑刺李）風味上，添加檸檬汁和氣泡水，並附上水果。不僅喝起來清爽順口，味道也很有層次，打開了更多享受方法的可能。

個性豐富的味道
混合成一體
創造出輕盈口感

杏桃白蘭地 … 20ml
野莓琴酒 … 20ml
檸檬汁 … 20ml

雪克杯中放入冰塊與所有材料，進行搖盪後倒入加了冰塊杯中。

Charles Chaplin

查理卓別林

搖盪法／古典杯

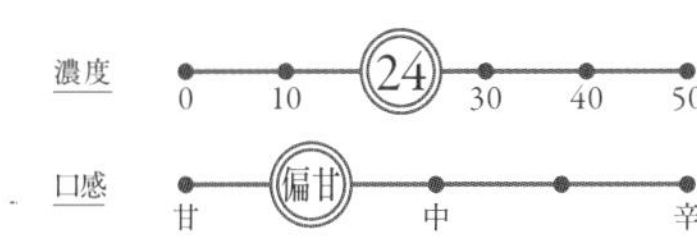

將等比例的杏桃白蘭地、野莓琴酒、檸檬汁混合在一起的雞尾酒。不愧是冠上了「喜劇之王」卓別林的名號，喝了這杯酒，就能享受到豐富的風味在嘴中輕盈舞動的樂趣，甜味也十分俐落。

色彩優美
受女性歡迎的
荔枝雞尾酒

DITA荔枝酒 … 30ml
藍柑橘香甜酒 … 10ml
葡萄柚汁 … 45ml

雪克杯中放入冰塊與DITA荔枝酒、葡萄柚汁，進行搖盪後倒入杯中。最後沉入藍柑橘香甜酒。

China Blue

中國藍

搖盪法／香檳杯

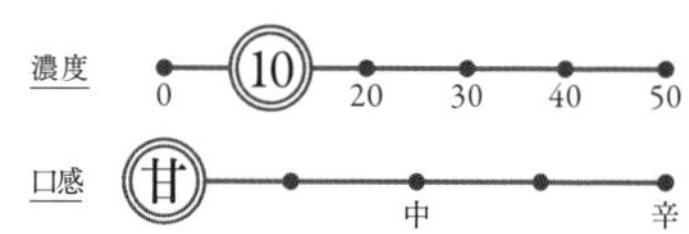

從淡淡的藍色逐漸轉白的漸層十分美麗。這杯雞尾酒使用了以荔枝浸泡烈酒所製成的「DITA」荔枝利口酒作為基底。荔枝以唐玄宗寵愛的佳麗，楊貴妃最愛的水果著稱，融合葡萄柚的酸味，營造出非常美妙的口味。

杏桃與柳橙
交織出甜美風味
的雞尾酒

杏桃白蘭地 … 40ml
柳橙汁 … 20ml
柑橘苦精 … 2 dash

雪克杯中放入冰塊與所有材料，進行搖盪後倒入杯中。

Valencia

瓦倫西亞

搖盪法／雞尾酒杯

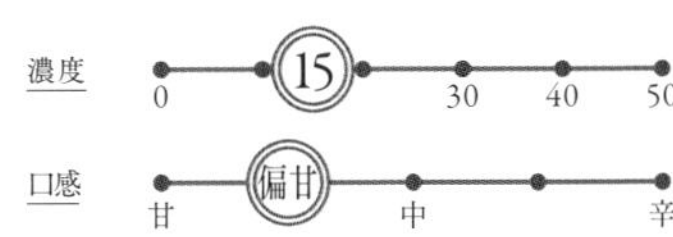

可以享受到杏桃和柳橙等甘甜水果風味的雞尾酒。這杯酒的名稱源自知名柳橙產地，西班牙的瓦倫西亞。味道甜美，適合推薦給女性飲用，而其中加了一些柑橘苦精，讓味道更有整體感。

以清爽的口感
享用桃子的甘甜

桃子利口酒 … 30ml
柳橙汁 … 30ml
檸檬汁 … 1 tsp.
紅石榴糖漿 … 1 tsp.

雪克杯中放入冰塊與所有材料，進行搖盪後倒入杯中。

Peach Blossom

桃花

搖盪法／雞尾酒杯

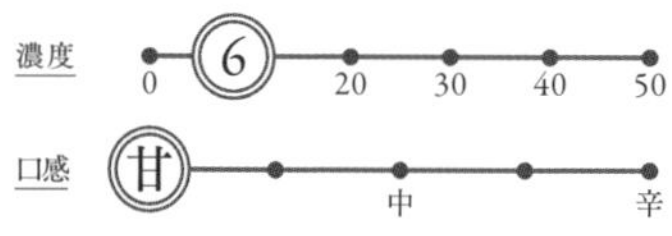

以桃子利口酒為基底，是一杯甜味清新、風味鮮明的雞尾酒。柳橙與檸檬的柑橘類果汁讓整杯酒喝起來更為清爽，簡直就像在喝無酒精飲料一樣。

讓人聯想到櫻花的
淡雅雞尾酒

櫻花利口酒 … 20ml
芙樂夏蜜李酒 … 20ml
葡萄柚汁 … 20ml

雪克杯中放入冰塊與所有材料，進行搖盪後倒入杯中。

Pink Blossom

粉紅花

搖盪法／雞尾酒杯

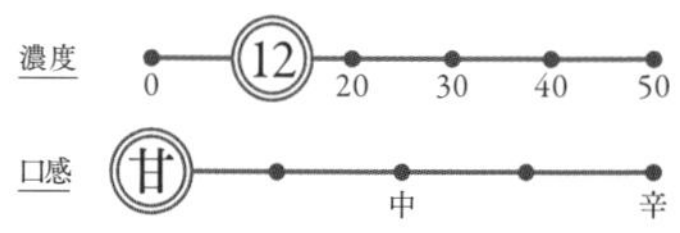

以櫻花利口酒為基底，整合南非產蜜李利口酒「芙樂夏」與葡萄柚汁，打造出淡雅的風味。這杯酒為本書審定者渡邊一也先生的原創雞尾酒。

桃子與柳橙
臉紅心跳的邂逅

桃子利口酒 … 30ml
柳橙汁 … 適量
柳橙片 … 1/2片
馬拉斯奇諾櫻桃 … 1顆

杯中放入冰塊與桃子利口酒進行攪拌。接著加入冰鎮的柳橙汁攪拌，再以酒叉串起水果後放上裝飾。

Fuzzy Navel

禁果

直調法／古典杯

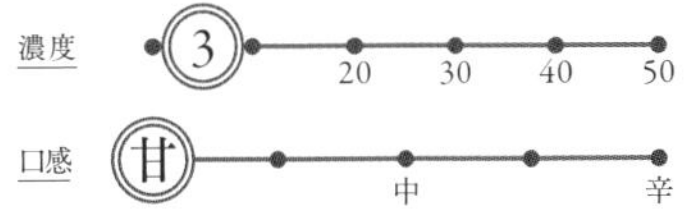

Fuzzy是桃子表面的細毛，Navel則是指柳橙。這杯酒十分順口，可以喝到桃子的甜味與柳橙的清爽感，推薦給不太會喝酒的人。

呈現出女主角
「白蘭」形象的酒

杏露酒 … 20ml
荔枝利口酒 … 20ml
葡萄柚汁 … 20ml
檸檬汁 … 5ml

雪克杯中放入所有材料與冰塊，進行搖盪後倒入杯中。

White Orchid

白蘭

搖盪法／雞尾酒杯

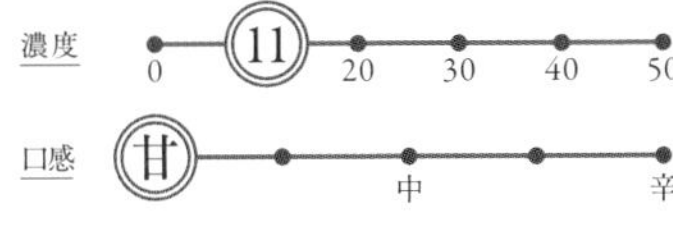

淺田次郎先生原著小說改編而成的音樂劇《情書》記者會上出現的調酒，為本書審定者渡邊一也先生的原創雞尾酒，充滿了杏露酒和荔枝利口酒溫和的味道。

以義大利名酒調製
味道均衡的
清爽雞尾酒

金巴利 … 30ml
甜香艾酒 … 30ml
氣泡水 … 適量
檸檬皮 … 1片

杯中放入冰塊與金巴利、甜香艾酒後進行攪拌，接著注入冰鎮的氣泡水，輕輕攪拌。最後噴附檸檬皮油，並將皮投入杯中。

Americano

美國佬

直調法／古典杯

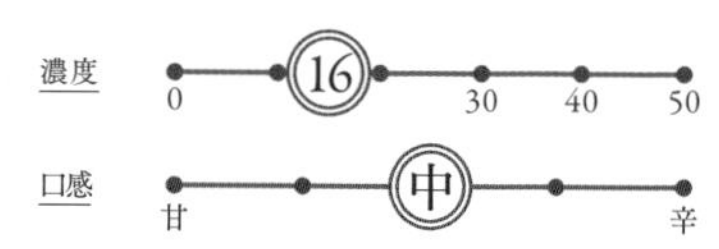

Americano是義大利語中「美國人」的意思，不過這杯酒所使用的金巴利和甜香艾酒，都是義大利的代表性酒款，是一杯誕生自義大利的雞尾酒。馥郁的味道與微苦的口感達到完美平衡，且噴附了檸檬皮油，十分清爽，經常作為餐前酒飲用。

名聲響遍全球的
金巴利指標性
雞尾酒

金巴利 … 45ml
氣泡水 … 適量
柳橙片 … 1/2片

平底杯中放入冰塊與金巴利攪拌，接著注入冰鎮的氣泡水後輕輕攪拌。最後放入柳橙片。

Campari & Soda

金巴利蘇打

直調法／平底杯

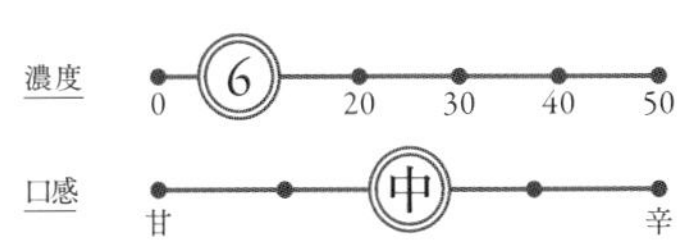

這杯酒由金巴利發明者的兒子戴維德・金巴利（Davide Campari）所發明。發揮了金巴利特有的微苦口感與淡淡甜味，並且兌以氣泡水來增添清涼感，最後更放入一片柳橙片提升風味，是一杯風靡全球的雞尾酒。

又甜又綿密
享受甜點般口感
的雞尾酒

薄荷利口酒（綠）… 20ml
可可利口酒（白）… 20ml
鮮奶油 … 20ml

雪克杯中放入冰塊與所有材料，充分搖盪後倒入杯中。

Grasshopper

綠色蚱蜢

搖盪法／雞尾酒杯

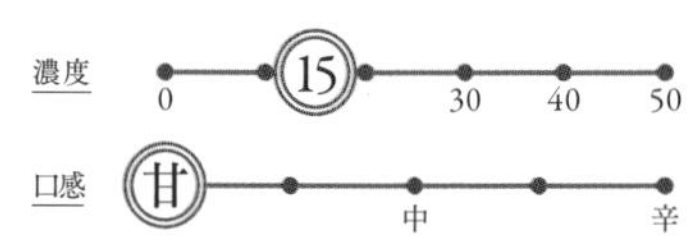

以英文的「蚱蜢」來命名的雞尾酒。將薄荷、可可、鮮奶油等不同風味的材料充分混合，可以享受到雞尾酒特有的趣味。味道方面，如果打個比方，就像是薄荷巧克力冰淇淋的感覺。淡淡的薄荷綠色也十分美麗。

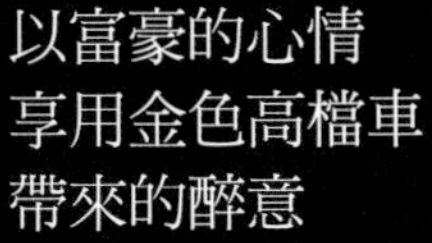

加利安諾香甜酒 … 20ml
可可利口酒（白）… 20ml
鮮奶油 … 20ml

雪克杯中放入冰塊與所有材料，充分搖盪後倒入杯中。

金色凱迪拉克

搖盪法／雞尾酒杯

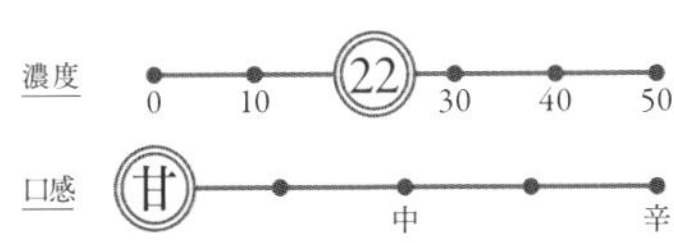

將綠色蚱蜢的薄荷利口酒，換成義大利產的加利安諾香甜酒（Galliano）之後，蚱蜢瞬間進化成高級汽車。加利安諾香甜酒是一種使用了茴香、薄荷、薰衣草等30種以上的香草所製成的漂亮金色利口酒。這杯酒可以享受到華麗的香氣與奢侈的味道。

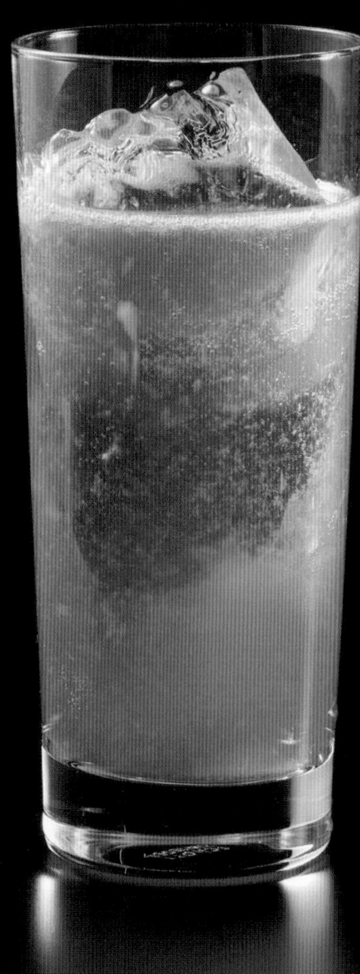

輕盈的入喉感
可以輕鬆享用的
清爽雞尾酒

金巴利 … 30ml
葡萄柚汁 … 45ml
通寧水 … 適量

杯中放入冰塊與金巴利、葡萄柚汁後攪拌，接著注入冰鎮的通寧水再稍作攪拌。

Spumoni

泡泡雞尾酒

直調法／可林杯

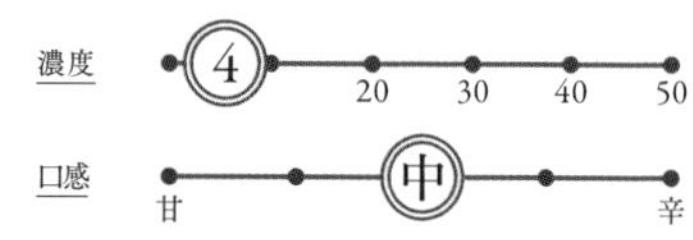

以義大利語中有「冒泡」之意的單字「Spumoni」作為這杯酒的名稱。金巴利與葡萄柚汁的苦味以及酸味，結合了通寧水的氣泡，變得十分清爽。這杯酒非常好入口，通過喉嚨時也很暢快，是可以輕鬆品嘗的高人氣長飲型雞尾酒。

散發出性感香氣
紫羅蘭的
複雜風味

A | 紫羅蘭利口酒 … 30ml
| 檸檬汁 … 20ml
| 砂糖 … 1 tsp.

氣泡水 … 適量
檸檬片 … 1片
馬拉斯奇諾櫻桃 … 1顆

雪克杯中放入冰塊與A，進行搖盪後倒入裝了冰塊的平底杯中。接著注入冰鎮的氣泡水，輕輕攪拌後放上檸檬與櫻桃裝飾。

Violet Fizz

紫羅蘭費斯

搖盪法／平底杯

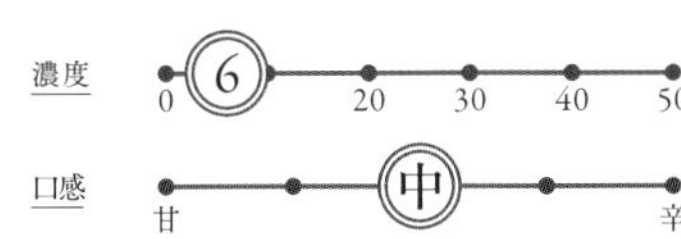

紫羅蘭利口酒是以具有獨特香氣的紫羅蘭為原料，搭配多種香料製成的利口酒。由於其性感的紫色酒液會綻放出豐富的香氣，因此紫羅蘭利口酒於18世紀誕生時，聽說還有人認為它具有春藥的效果。這是一杯能凸顯出利口酒本身特色的雞尾酒。

做法簡單
但清涼度滿分
的清爽雞尾酒

薄荷利口酒（綠）⋯ 30ml
薄荷葉 ⋯ 適量

杯中放入滿滿的碎冰，接著倒入薄荷利口酒，再放上薄荷葉、附上吸管。

Mint Frappe

薄荷芙萊蓓

直調法／高腳杯

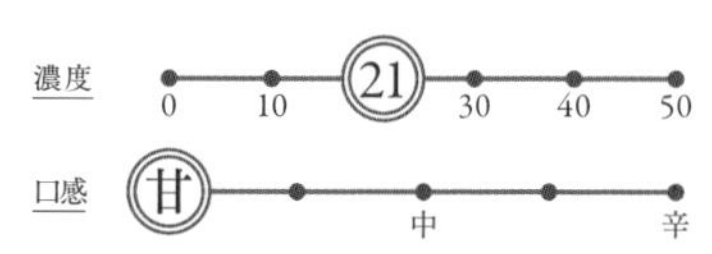

只在裝滿冰的冰涼玻璃杯中倒入薄荷利口酒的極簡派調法。放上薄荷葉來點綴，鮮綠色酒液的清涼感直接穿過酒杯散發而出。附上2根吸管的原因，是為了避免其中一根被冰堵住而無法飲用。

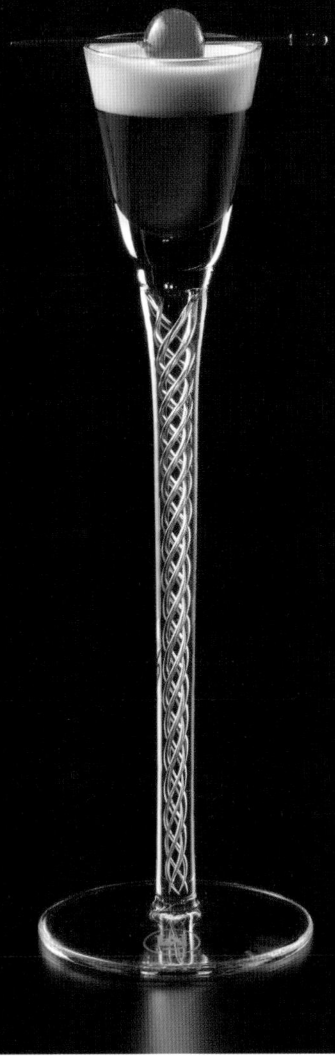

以天使的吻
為意象所設計的
甜點型雞尾酒

可可利口酒 … 3/4杯
鮮奶油 … 1/4杯
馬拉斯奇諾櫻桃 … 1顆

冰鎮的杯中倒入可可利口酒，接著浮上一層鮮奶油。最後以酒叉插起櫻桃後放上裝飾。

Angel's Kiss

天使之吻

直調法／利口酒杯

濃度 0 10 (18) 30 40 50

口感 (甘) 中 辛

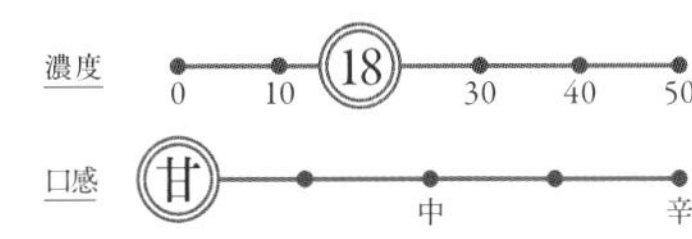

可可利口酒的經典甜點型調酒。為了表現「天使之吻」的感覺，將櫻桃輕放在鮮奶油上，十分可愛。順帶一題，在日本提到Angel's Kiss是指這杯酒沒錯，不過國外比較流行另一種酒譜。這裡的酒譜也稱作「Angel's Chip」。

享用清爽的可可風味

A | 可可利口酒 … 30ml
  | 檸檬汁 … 20ml
  | 糖漿 … 1 tsp.
氣泡水 … 適量　檸檬片 … 1片
馬拉斯奇諾櫻桃 … 1顆

雪克杯中放入冰塊與A，進行搖盪後倒入平底杯中。接著放入冰塊，注入冰鎮的氣泡水後輕輕攪拌，最後放入水果裝飾。

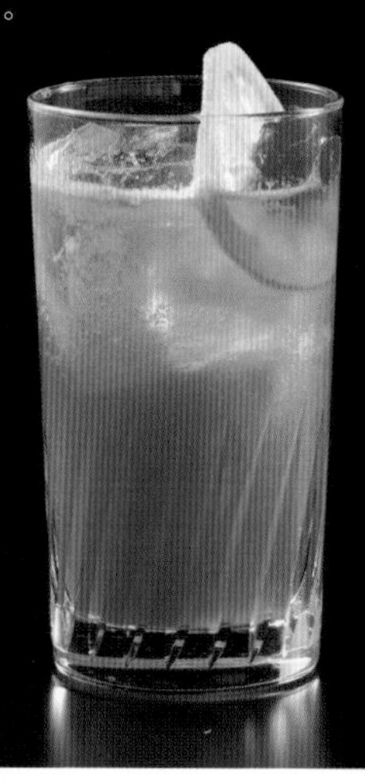

Cacao Fizz

可可費斯

搖盪法／平底杯

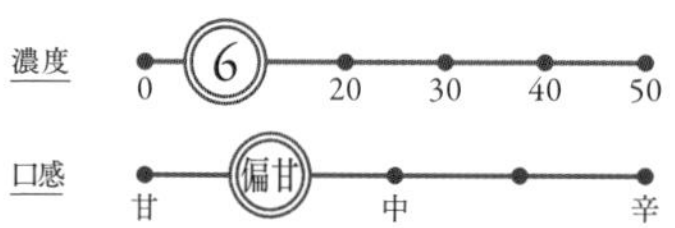

可可利口酒芳香的風味加上檸檬的酸味與氣泡水，變成一杯十分暢快爽口的酒。馬拉斯奇諾櫻桃更進一步帶出可可的風味。

如咖啡牛奶般的經典調酒

卡魯哇咖啡利口酒 … 45ml
牛奶 … 適量

杯中放入冰塊與卡魯哇咖啡利口酒，最後讓牛奶漂浮在上層。

Kahlua & Milk

卡魯哇牛奶

直調法／古典杯

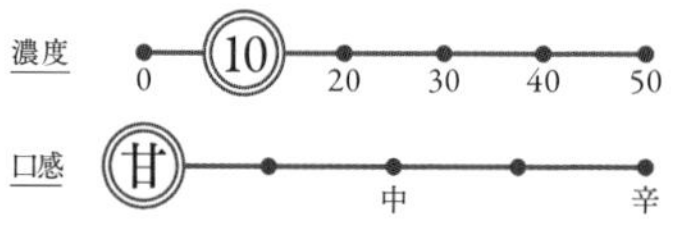

卡魯哇以阿拉比亞咖啡豆所製成，是一支香氣高雅的咖啡利口酒。這杯雞尾酒非常單純，只是將牛奶加入卡魯哇，味道既甜又順口，十分受歡迎。

享受屬於大人時光的
一杯雞尾酒

A｜柑曼怡 … 15ml
　義式濃縮咖啡 … 30ml
　焦糖糖漿 … 10ml
　香草糖漿 … 5ml
牛奶 … 45ml

雪克杯中放入冰塊與A搖盪後倒入香檳杯中。接著把牛奶放入雪克杯中不加冰直接搖盪，最後漂浮在酒液上。

Premier Grand Espresso

尊爵義式濃縮

搖盪法／香檳杯

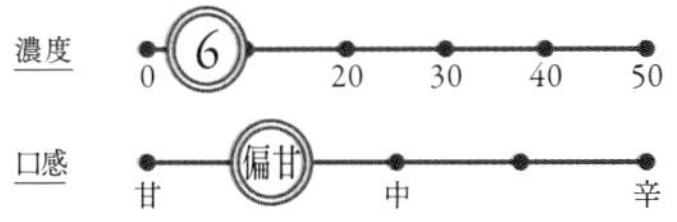

以擁有「棕色柑橘香甜酒女王」之稱的柑曼怡為基底，加入道地的義式濃縮咖啡調製而成。這杯酒是京王Plaza Hotel的空中Lounge「Aurora」的原創調酒。

杏仁的香味，
與柳橙共舞

杏仁香甜酒 … 30ml
柳橙汁 … 30ml
氣泡水 … 適量

杯中放入冰塊與杏仁香甜酒、柳橙汁後攪拌，接著注入冰鎮的氣泡水，再稍作攪拌。

Boccie Ball

義大利滾球

直調法／可林杯

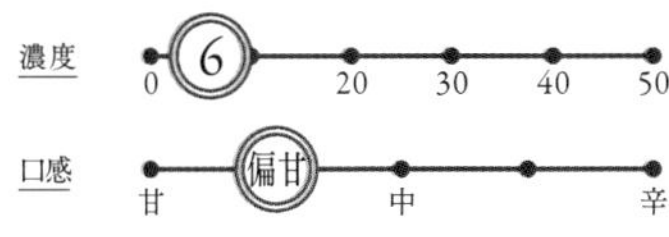

透過柳橙汁與氣泡水來帶出杏仁香甜酒獨特杏仁風味的一杯雞尾酒。入喉的感覺十分舒服，感覺就像在喝果汁。

利口酒指南

這邊會介紹其它非主要基酒，但有出現在本書中的利口酒。另外也會介紹一些非利口酒的酒款，如香艾酒等葡萄酒類酒品。

茴香酒
（Anisette）

以繖形科1年生草本植物「茴香」的種子為主原料的利口酒，生產地大多分布於地中海沿岸。茴香酒甜味十足，具有清爽的香氣。酒液雖然透明，但加了水之後就會變成白濁色。常見品牌包含弗日（Vosges）等。

弗日茴香酒（Dover 杜瓦洋酒貿易）

杏桃白蘭地
（Apricot Brandy）

有一種杏桃白蘭地是和白蘭地以相同方法製造，另一種則是將杏桃浸漬在烈酒中製成的利口酒。雞尾酒用的杏桃白蘭地通常是後者。

杏仁香甜酒
（Amaretto）

以杏子的果核（杏仁）製成的利口酒，帶有杏仁的香氣。1525年誕生於義大利，最有名的是元老級品牌「迪莎羅娜杏仁香甜酒（Disaronno）」。

迪莎羅娜杏仁香甜酒（三得利烈酒）

安格仕苦精
（Angostura Aromatic Bitter）

苦精品牌之一。在蘭姆酒中加入龍膽草根來添加苦味成分的酒，苦味極強。1824年，法國外科醫師西格特（Johann Gottlieb Benjamin Siegert）博士在委內瑞拉研發出苦精，作為軍人的健脾強胃藥。

安格仕苦精（明治屋）

接骨木花利口酒
（Elderflower Liqueur）

針葉植物接骨木花自古以來就是歐洲非常熟悉的香草之一。最有名的品牌是元老級的「聖傑曼（St-Germain）」。

棕色柑橘香甜酒
（Brown Curaçao）

>>柑橘香甜酒

柑橘苦精（Orange Bitters）

>>苦精

可可利口酒
（Cacao Liqueur）

使用可可豆為原料製成，帶有強烈可可芳香與甜味的利口酒。分成黑巧克力色和無色的種類，而糖分達250g/1L以上的才能稱作「Crème de Cacao」。

加里安諾香甜酒
（Galliano）

以香草莢、茴香、杜松子、肉桂為主要風味的金黃色利口酒知名品牌，據說使用了30種以上的香草與香料。1896年於義大利誕生，取名自第一次義大利衣索比亞戰爭中的英雄，加里安諾將軍（Giuseppe Galliano）。

加里安諾
香甜酒
（朝日啤酒）

卡魯哇咖啡利口酒
（Kahlua）
使用墨西哥產咖啡豆製成的咖啡利口酒品牌。

卡爾瓦多斯（Calvados）
法國諾曼第地區生產的蘋果白蘭地。受AOC（原產地命名控制）保護，其他產地的蘋果白蘭地無法冠上此稱呼。

金巴利（Campari）
>>p.141

柑橘香甜酒（Curaçao）
使用橙皮製成的利口酒總稱。「Curaçao」這個名稱，源自過去製造這種酒時所使用的柑橘，是以前荷屬西印度群島一座庫拉索島（Curaçao）上的特產，收成後由荷蘭的釀酒師釀造。分成棕色的棕色柑橘香甜酒與無色的白柑橘香甜酒。有名的品牌如棕色的「柑曼怡」、白色的「君度」。另外也有藍色、綠色、紅色的柑橘香甜酒。

柑曼怡
Cordon Rouge
（Dover杜瓦洋酒貿易）

柑曼怡
（Grand Marnier）
棕色柑橘香甜酒最具代表性且最高級的品牌。使用海地產的苦橙蒸餾酒，混合干邑白蘭地而成，為法國Marnier Lapostolle公司的產品。

Hermes抹茶酒
（三得利烈酒）

綠茶利口酒
（Green Tea Liqueur）
誕生於日本的綠茶利口酒。常見品牌如三得利的「Hermes抹茶酒」。

Crēme de～
歐盟規定酒精濃度15%以上，且糖分含量達250g/1L以上的利口酒方能冠上「Crēme de」的名稱，意思是「濃郁的奶油狀液體」，甜味非常重。種類繁多，如覆盆子利口酒（Crēme de Framboise）、可可利口酒等。

樂傑黑醋栗
香甜酒
（三得利烈酒）

黑醋栗香甜酒
（Crēme de Cassis）
黑醋栗利口酒中糖分高達400g/1L的利口酒。歐盟的「Crēme de」規定之中，只有黑醋栗的糖分標準特別高。

君度橙酒
（日本人頭馬君度
Rēmy Cointreau
Japan）

君度橙酒
（Cointreau）
白柑橘香甜酒的代表性品牌，法國君度公司的產品。特色是擁有柑橘的豐富香氣。

咖啡利口酒
（Coffee Liqueur）
咖啡風味的利口酒。以「卡魯哇」最有名。

南方安逸
（Southern Comfort）
>>p.141

櫻花利口酒
（Sakura Liqueur）
使用櫻花的花、葉製成的日本獨特利口酒。常見品牌包含Dover的「和酒櫻」、三得利的「Japone櫻」。

三得利利口酒
Japone〈櫻〉
（三得利烈酒）

雪莉酒（Sherry）
產自西班牙南部，是一種在葡萄酒中加入白蘭地以拉高酒精濃度的葡萄加烈酒，酒精濃度超過15%。口感比較澀且俐落的稱作「不甜雪莉酒（Dry Sherry）」，知名品牌如岡薩雷比亞斯酒莊（Gonzalez Byass）的「提歐雪莉酒（Tio PePe）」。

提歐雪莉酒
（Mercian）

夏特勒茲
（Chartreuse）
誕生於南法夏特勒茲修道院的藥草利口酒品牌，使用多達130種藥草、香草，具有非常清新的風味。分成甜味較濃的「黃色（Jaune）」與風味較強、甜味較淡的「綠色（Verte）」。

黃色夏特勒茲
（三得利烈酒）

杏露酒
將杏子的果實浸漬在中國傳統烈酒中所製成的日本知名利口酒。為永昌源公司的產品。

甜香艾酒
（Sweet Vermouth）
>>香艾酒

野莓琴酒
（Sloe Gin）
用一種叫做黑刺李的野莓所製成的利口酒。呈現莓果類的紅色，風味很棒。

櫻桃白蘭地
有一種是和白蘭地以相同方式製成的酒，另一種是將櫻桃浸漬在烈酒中製成的利口酒。前者知名的品牌有「Kirschwasser」，後者則有「希琳香甜酒（Heering Cherry Liqueur）」。

DITA荔枝酒
（Dita Lychee）
荔枝利口酒的品牌之一。法國保樂力加的產品。

DITA荔枝酒
（日本保樂力加）

多寶力（Dubonnet）
將金雞納樹皮浸漬在葡萄酒中，再放入橡木桶熟成的法國加味葡萄酒品牌。是十分知名的餐前酒。

不甜雪莉酒（Dry Sherry）

>>雪莉酒

不甜香艾酒（Dry Vermouth）

>>香艾酒

吉寶蜂蜜香甜酒

（Drambuie）

以蘇格蘭威士忌為基底，誕生自英國的利口酒品牌。融合了石楠花蜜與香草，非常香甜。

吉寶蜂蜜香甜酒
（三得利烈酒）

紫羅蘭利口酒

（Violet Liqueur）

指「Crème de Violet」、「Parfait Amour」等紫羅蘭色、或藍色的利口酒，帶有紫羅蘭的香氣。此外也使用了柑橘類原料與香草莢、各式香草，甜度很高。

Parfait Amour

據說於1760年自法國洛林區誕生的紫羅蘭色利口酒，具有「完美的愛情」之意，過去曾有人宣稱它有春藥的效果。算是一種紫羅蘭利口酒。

波士Parfait Amour
（朝日啤酒）

HQ漩渦香甜酒

（Hpnotiq）

融合了奇異果、鳳梨、葡萄、百香果等果汁的水藍色利口酒。2001年誕生於法國。

苦精

（Bitters）

將植物的根或皮的成分浸漬在烈酒或葡萄酒中，製造出苦味濃烈的利口酒。常見的有「安格仕苦精」以及以橙皮為主要原料的「柑橘苦精」。

HQ漩渦香甜酒
（日本百加得）

桃子利口酒

（Peach Liqueur）

桃子口味的利口酒。常見品牌包含De Kuyper公司的「Peachtree」、樂傑的「水蜜桃香甜酒（Crème de Peche）」。

樂傑水蜜桃
香甜酒
（三得利烈酒）

藍柑橘香甜酒

（Blue Curaçao）

>>柑橘香甜酒

芙樂夏

（Prucia）

法國產的蜜李利口酒品牌。特色是曾經放入白蘭地酒桶儲藏，風味十足。

芙樂夏
法國蜜李酒
（三得利烈酒）

班尼迪克丁

（Benedictine D.O.M）

有法國最古老利口酒之稱的藥草利口酒品牌。1510年，誕生於諾曼第地區一間本篤會修道院。在白蘭地中加入27種藥草、蜂蜜與糖漿，甜度非常高。酒標上印著「DOM」，是修道院的拉丁文禱詞縮寫：「Deo Optimo

Maximo（獻給至高無上的神）」。

班尼迪克丁D.O.M
（日本百加得）

佩諾茴香酒
（Pernod Pastis）

茴香利口酒品牌，法國佩諾公司的產品。過去有一種叫作艾碧斯（Absinthe）的酒，飲用後會使人產生幻覺。於是20世紀初期，茴香酒就成為艾碧斯的替代品出現。酒液呈現美麗清澈的黃綠色，不過加了水之後就會變成乳黃色。

佩諾茴香酒
（日本保樂力加）

香艾酒
（Vermouth）

白葡萄酒中加入藥草和香料製成的加味葡萄酒。分成紅色且帶甜味的甜香艾酒，以及無色且不甜的不甜香艾酒。知名品牌包含義大利的「Cinzano」、「Martini」以及法國的「Noilly Prat」。

Cinzano甜香艾酒
（三得利烈酒）

Noilly Prat Extra Dry
（日本百加得）

白柑橘香甜酒（White Curaçao）

>>柑橘香甜酒

瑪拉斯奇諾櫻桃酒
（Maraschino）

以瑪拉斯卡（Marasca）櫻桃的果肉和果核為原料，製成甜度很高的利口酒。自古以來，斯洛維尼亞和克羅埃西亞等地就有釀造。而元老級的義大利勒薩多（Luxardo）公司出產的「勒薩多黑櫻桃酒（Luxardo Maraschino）」十分有名。瑪拉斯奇諾櫻桃就是浸漬過這種酒的櫻桃

波士櫻桃酒
（朝日啤酒）

薄荷利口酒
（Mint Liqueur）

清涼的薄荷風味利口酒。除了綠色之外，還有無色、紅色的薄荷利口酒。

哈密瓜利口酒
（Melon Liqueur）

誕生於日本的哈蜜瓜利口酒。知名品牌如1978年三得利產的「蜜多利」。

蜜多麗蜜瓜香甜酒
（三得利烈酒）

麗葉酒（白）
（Lillet Blanc）

白酒與水果利口酒混合後放入橡木桶熟成，是法國波爾多加味葡萄酒中的高級品牌，同時也是知名的餐前酒。

各酒商聯絡資訊請查照p.187

Wine and Sake and Shochu and Beer Cocktail

以葡萄酒、清酒、燒酒、啤酒為基底的調酒

葡萄酒＿Wine

隨著基督教一同傳播到全歐洲的葡萄酒，據說是世界上歷史最悠久的一種酒。葡萄酒不光只有一般的紅、白、粉紅，還包含了香檳與氣泡酒。甚至還有加了蒸餾酒的雪莉酒，以及加了香草、水果、蜂蜜來增添香味的香艾酒等加味葡萄酒。種類十分多元。

清酒＿Sake

以米和米麴、水為原料釀造的日本酒，在《古世記》與《日本書紀》之中都有相關記載，據說從平安時代開始，釀造方式就幾乎沒有改變。江戶時代之後，各地的酒開始往江戶地區集中，在各家較勁釀造技術的過程中，出現了澄澈透明的「清酒」。雖然清酒目前很少拿來調製雞尾酒，不過其特有的「吟釀香」非常馥郁，也很獨樹一格。

燒酒＿Shochu

古埃及發明的蒸餾技術自東南亞傳到琉球（沖繩）、九州後，便催生出燒酒，為日本最古早的蒸餾酒。原料不僅會使用米、麥、薯類，連芝麻、蕎麥、黑糖等各式各樣的原料都可以用來製作燒酒。而種類則分成「連續式蒸餾燒酒」以及人稱「本格燒酒」的「單式蒸餾燒酒」。不同的原料和製程會造就不同風味，所以調製雞尾酒時，大多酒譜都會指定使用的原料或品牌。

啤酒＿Beer

啤酒是「全球產量最多、消費量也最多的酒」。以大麥麥芽、水、啤酒花為主要原料，歷史悠久程度僅次於葡萄酒。啤酒依發酵狀態分成上層發酵（Ale）、下層發酵（Lager）、自然發酵，每種程度的味道都不一樣，所以可以嘗試發揮各種啤酒的特色，大大增加調製雞尾酒的樂趣。

不甜雪莉酒 … 40ml
甜香艾酒 … 20ml
柑橘苦精 … 1 dash

攪拌杯中放入冰塊與所有材料，進行攪拌後倒入杯中。

Adonis

阿多尼斯

攪拌法／雞尾酒杯

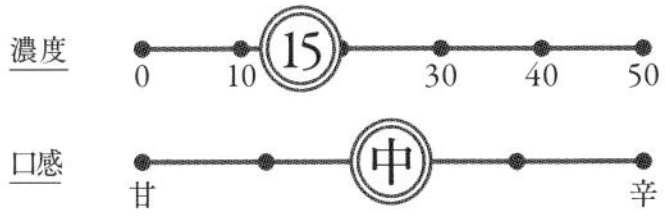

使用具有獨特香氣的不甜雪莉酒、以及甜美的甜香艾酒這兩種葡萄酒，將兩種酒的特色完美調和成一體的雞尾酒。杯中的琥珀色酒液令人難以忘懷。

香檳 … 60ml
A｜覆盆子利口酒 … 20ml
｜玫瑰糖漿 … 20ml
｜萊姆汁 … 10ml
玫瑰花瓣 … 1片

杯中倒入冰鎮的香檳。而雪克杯中放入冰塊與A，進行搖盪後倒入杯中。最後將玫瑰花瓣漂浮在酒液上。

Aphrodite

阿芙羅黛蒂

搖盪法／香檳杯

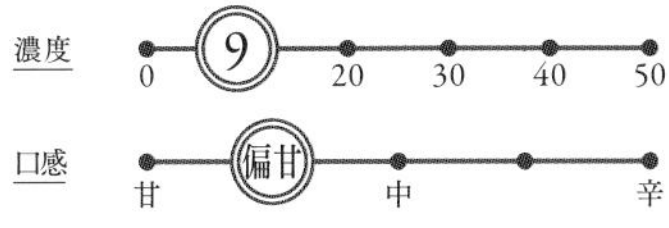

具有香檳與玫瑰的香氣，魅惑人心的一杯雞尾酒。這杯酒為本書審定者渡邊一也先生的原創雞尾酒，據說是「以藝人工藤靜香的女性美為意象所創作」。

散發出黑醋栗香氣的
經典葡萄酒調酒

白葡萄酒 … 120ml
黑醋栗利口酒 … 10ml

杯中倒入冰鎮的白葡萄酒與黑醋栗利口酒，輕輕攪拌。

Kir
基爾
直調法／紅酒杯

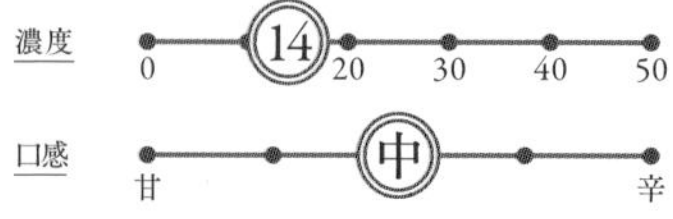

誕生於知名葡萄酒產區法國勃艮第，是以葡萄酒為基底的調酒中最受歡迎的一杯。白葡萄酒融入黑醋栗的優雅風味，堪稱一絕。

擁有高貴且優雅
姿態的雞尾酒

香檳 … 120ml
黑醋栗利口酒 … 10ml

杯中倒入冰鎮的香檳與黑醋栗利口酒，輕輕攪拌。

Kir Royal
皇家基爾
直調法／香檳杯（笛型）

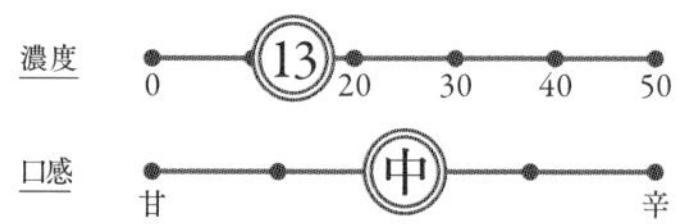

將基爾的白葡萄酒換成香檳，擁有與名稱Royal（法文中皇家的、高貴的）相符的優雅味道。清爽的氣泡感非常適合當作餐前酒飲用。

甜言蜜語以酒代之

香檳 … 適量
安格仕苦精 … 1 dash
方糖 … 1顆　螺旋檸檬皮卷 … 1條

杯中放入方糖，並滴上安格仕苦精後，倒入冰鎮的香檳。最後放上螺旋檸檬皮卷裝飾。

Champagne Cocktail

香檳雞尾酒

直調法／香檳杯（碟型）

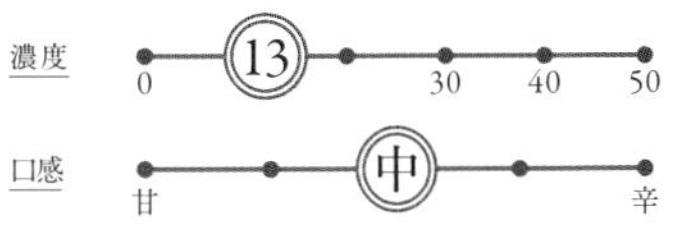

電影《北非諜影》中，男主角亨佛利・鮑嘉（Humphrey Bogart）說：「為你的眼眸乾杯」時所舉起的雞尾酒。從杯底的方糖旁竄起的氣泡，看起來十分浪漫。

擁有舒服氣泡感
清爽的雞尾酒

白葡萄酒（不甜）… 60ml
氣泡水 … 適量　萊姆片 … 1片

杯中放入冰塊與冰鎮的白酒，接著注入氣泡水，輕輕攪拌。最後放入萊姆片。

Spritzer

氣泡白酒

直調法／可林杯

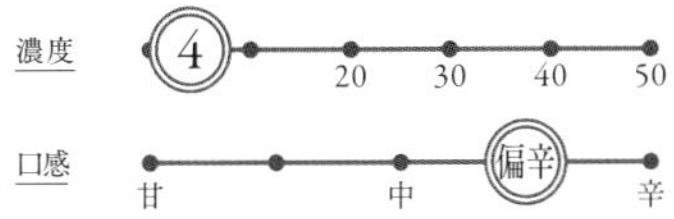

以氣泡水兌白葡萄酒，打造出口感輕盈的雞尾酒。Spritzer這個名稱，源自德語的「Spritzen（彈開）」，是一杯外觀與味道都很清爽的酒。

華麗呈現出
慶賀氣氛
成熟的味道

香檳 … 30ml
A | 干邑白蘭地 … 10ml
| 覆盆子利口酒 … 20ml
| 萊姆汁 … 1 tsp.

杯中倒入冰鎮的香檳。雪克杯中放入冰塊與A，進行搖盪後倒入杯中。

Celebration
慶祝
搖盪法／雞尾酒杯

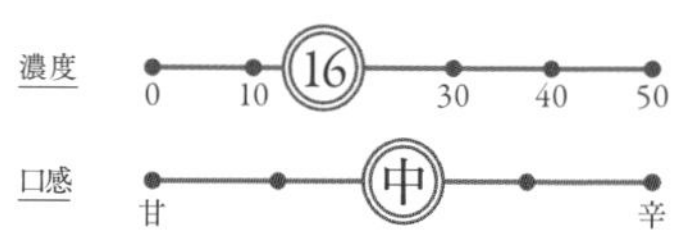

1986年第15屆H.B.A創作雞尾酒大賽的優勝作品，為本書審定者渡邊一也先生的原創雞尾酒。以香檳為基底，加上覆盆子與萊姆汁來增添清爽的風味，同時又用干邑白蘭地創造深度，非常適合「慶賀」時華麗與激昂的氣氛。

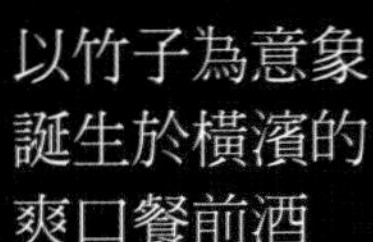

以竹子為意象
誕生於橫濱的
爽口餐前酒

不甜雪莉酒 … 40ml
不甜香艾酒 … 20ml
柑橘苦精 … 1 dash

攪拌杯中放入冰塊與所有材料，
進行攪拌後倒入杯中。

Bamboo

竹子

攪拌法／雞尾酒杯

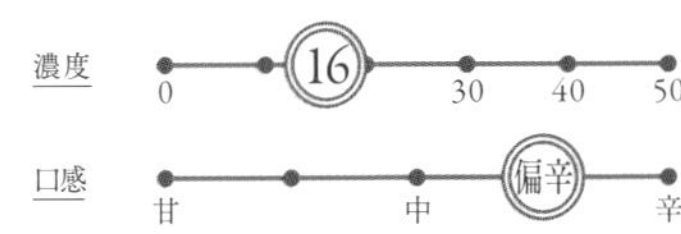

橫濱老字號飯店「New Grand Hotel」過去在名為「橫濱Grand Hotel」的時期所想出的雞尾酒。當時的主任調酒師路易斯・艾平格（Louis Eppinger）以「竹子」為意象，想出了這杯酒。乾淨俐落的清爽口味，讓這杯酒成為非常受歡迎的餐前酒。

紅石榴糖漿 … 1 dash

杯中倒入水蜜桃果汁與紅石榴糖漿，接著倒入冰鎮的氣泡酒後輕輕攪拌。

杯中依序倒入柳橙汁與香檳。

Bellini

貝里尼

直調法／香檳杯（笛型）

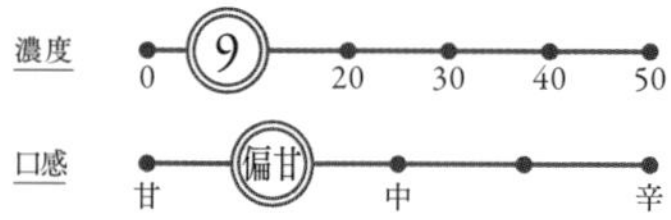

義大利老字號餐廳「Harry's Bar」中誕生的雞尾酒。氣泡酒與水蜜桃果汁的高雅甜味、香氣合而為一，創造出十分華麗的味道。

Mimosa

含羞草

直調法／香檳杯（笛型）

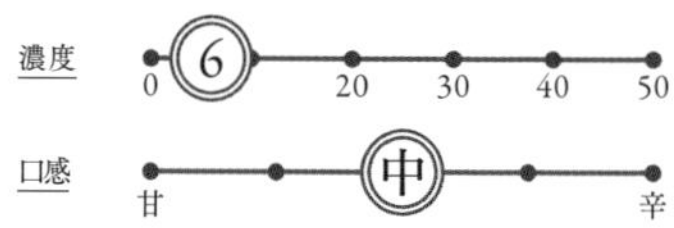

柳橙汁與香檳的結合。這杯酒曾是法國上流社會非常喜愛的雞尾酒，它奢侈的調配方式，營造出一種獨特的美妙滋味。世界各地也有不少這杯酒的愛好者。

A | 葡萄酒 … 45ml
白柑橘香甜酒 … 1 tsp.
檸檬汁 … 15ml　糖漿 … 10ml

氣泡水 … 適量
柳橙片 … 1/2片　檸檬片 … 1片
馬拉斯奇諾櫻桃 … 1顆

杯中放入冰塊與A攪拌，接著注入氣泡水，最後用酒叉串起水果放上裝飾。

Wine Cooler

葡萄酒酷樂

直調法／可林杯

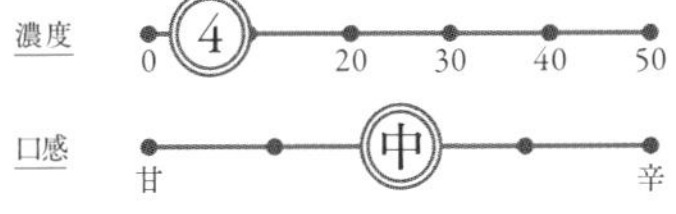

以葡萄酒為基底，加入各種材料使味道變得更飽滿，再兑以氣泡水來帶出清涼感。這是一杯作法非常自由的雞尾酒，要用白酒、紅酒、粉紅酒各隨人意。

清酒 … 50ml
不甜香艾酒 … 10ml
珍珠洋蔥 … 1顆　檸檬皮 … 1片

攪拌杯中放入冰塊與清酒、香艾酒，進行攪拌後倒入杯中。以酒叉插起珍珠洋蔥後沉入杯底，並噴附檸檬皮油。

Saketini

清酒馬丁尼

攪拌法／雞尾酒杯

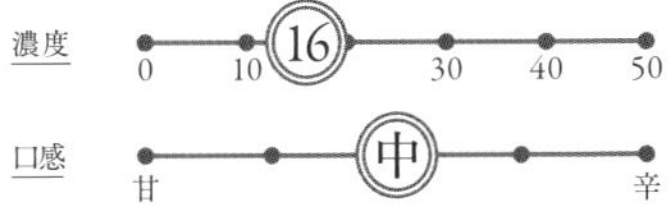

將馬丁尼的基酒換成清酒所調製的和風馬丁尼。不僅能品嘗到清酒圓滑且飽滿的特色，也能享受到馬丁尼具備的辛辣口感。

將日本的四季
呈現在杯中的
一杯雞尾酒

A｜清酒 … 20ml
　｜櫻花利口酒 … 20ml
　｜梅酒 … 20ml
　｜萊姆汁 … 5ml
柳橙皮 … 1片
萊姆皮 … 1片

雪克杯中放入冰塊與A，進行搖盪後倒入杯中。將柳橙皮與萊姆皮雕成葉子的形狀後浮在酒液表面。

SHIKISAI

四季彩

搖盪法／雞尾酒杯

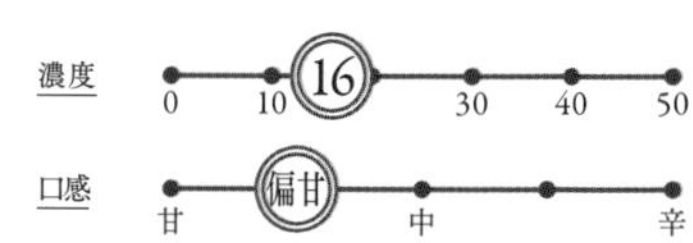

以清酒為基底，加入櫻花利口酒、梅酒、萊姆汁，可以享受到個性十足的口味。這杯酒表現出了日本的意象，是本書審定者渡邊一也先生的原創雞尾酒。日本優美的四季所展現的風采，全都濃縮在這一杯酒之中。

呈現少女感的
燒酒基底
原創雞尾酒

紅乙女（芝麻燒酒）… 20ml
覆盆子利口酒 … 15ml
白柑橘香甜酒 … 10ml
紅石榴糖漿 … 10ml
檸檬汁 … 1 tsp

雪克杯中放入冰塊與所有材料，進行搖盪後倒入杯中。

MAI OTOME

舞乙女

搖盪法／雞尾酒杯

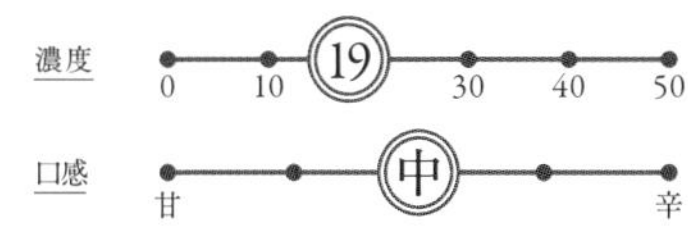

以日本的芝麻燒酒「紅乙女」為基底調製而成的雞尾酒，1984年第13屆H.B.A創作雞尾酒大賽中倉吉浩二先生的優勝作品。新鮮且突出的水果風味讓人聯想到「等待春天來臨的少女」，外觀也呈現鮮豔的紅色，能提升飲用者的興致。

杯中倒入金巴利，接著倒入冰鎮的啤酒後輕輕攪拌。

Campari Beer

金巴利啤酒

直調法／皮爾森啤酒杯

濃度 7（0 — 20 — 30 — 40 — 50）

口感 中（甘 — 辛）

啤酒與金巴利，兩種材料雖然類型不同，卻同樣擁有特別的苦味，而這杯酒妥善調和兩種苦味，交織出奇妙的和諧口味。酒色深沉，不過口感十分清爽。

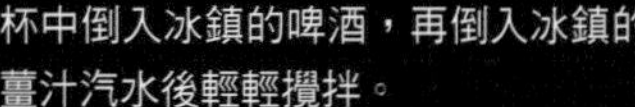

杯中倒入冰鎮的啤酒，再倒入冰鎮的薑汁汽水後輕輕攪拌。

Shandy Gaff

香迪蓋夫

直調法／皮爾森啤酒杯

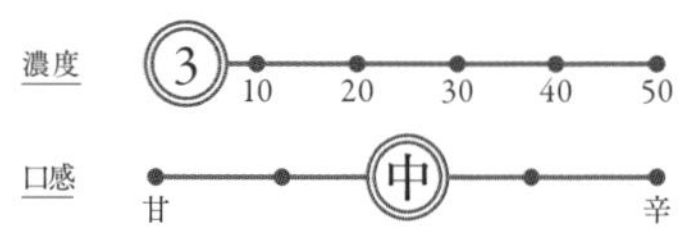

啤酒與薑汁汽水調製而成的雞尾酒，是英國的酒吧中存在歷史已久的經典飲品。可以品嘗到啤酒特有的啤酒花苦感以及薑的辛辣刺激風味。

啤酒 … 適量　不甜琴酒 … 45ml

杯中倒入不甜琴酒，再倒入冰鎮的啤酒後輕輕攪拌。

Dog's Nose

狗鼻子

直調法／皮爾森啤酒杯

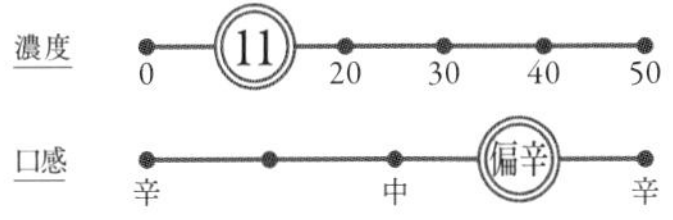

結合啤酒的苦味與不甜琴酒的草本味道，凸顯辛辣口感的配方。不過琴酒和啤酒花的風味纏繞在一塊，創造出刺激口感，是一杯屬於成人口味的啤酒調酒。

啤酒 … 1/2杯　番茄汁 … 1/2杯

杯中倒入冰鎮的啤酒，接著倒入冰鎮的番茄汁後輕輕攪拌。

Red Eye

紅眼

直調法／皮爾森啤酒杯

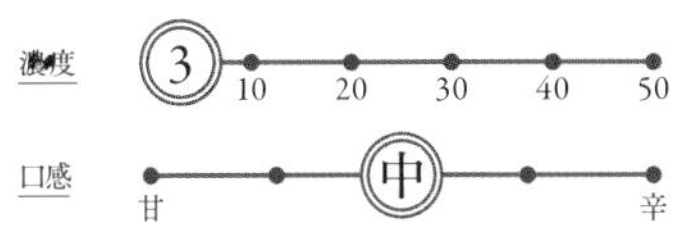

據説這杯酒的名字，取自喝醉酒後隔天雙眼充血的模樣。這杯酒酒精濃度低，而番茄汁的微酸味道，讓整杯酒喝起來很像蔬果汁。

享受酒吧樂趣

想要品嘗雞尾酒，最好的方式還是親自上酒吧。在酒吧可以好好享受各項酒品與氣氛，還有機會與吧檯後面的調酒師歡談。這裡要跟各位介紹一些比較需要注意的禮節。

◎在酒吧怎麼點酒？

如果知道雞尾酒名，就可以直接點酒。如果不知道，也可以告訴調酒師你自己的想法，比如說：「我想要喝濃度低一點、比較好入口的。」除了雞尾酒名之外，也可以指定品牌，如：「麻煩你蘭姆酒用〇〇那支。」或是告訴調酒師自己喜歡的味道，像是：「我想喝甜一點。」甚至你也可以直接說：「用琴酒調一杯清爽的酒」、「用威士忌調一杯水果味的短飲雞尾酒」等等，交由調酒師作主也是酒吧的樂趣之一。

◎裝飾物的水果怎麼處理？

水果是雞尾酒的一部份，所以也可以食用，吃完之後將種子或皮用紙巾包起來比較得體。至於檸檬皮和橙皮，在噴附完皮油後也可以直接投入杯中。而酒叉上的橄欖以及櫻桃可以直接吃掉，吃完後將酒叉放在杯墊或紙巾上。

◎如何與調酒師互動？

酒吧是讓人放鬆心情好好享受的地方。你可以帶著輕鬆的心情問問調酒師問題，比如單純的雞尾酒問題、或酒的種類。一面享用雞尾酒，一面享受和調酒師的對話，可是酒吧的一大樂趣。但店內客人比較多的時候也得顧及其他客人，當個成熟的好客人。

◎短飲與長飲的差別在哪？

雞尾酒分成兩種，必須趁味道生變前盡快喝完的短飲型雞尾酒（short），以及可以花時間慢慢飲用的長飲型雞尾酒（Long）。短飲基本上要在10～20分鐘內飲用完畢。另外，短飲型雞尾酒的酒精濃度通常偏高，所以大多會裝在有腳的雞尾酒杯中，而長飲雞尾酒則通常裝在大型的玻璃杯，並放入冰塊。

◎攪拌棒和吸管要怎麼用？

攪拌棒和極細的吸管是用來攪拌酒用的。攪拌棒攪拌完後就拿出來，放在紙巾上。而吸管則可以攪拌也可以拿來喝酒。不過像一些比較難用吸管喝的霜凍型雞尾酒，通常會給你2根吸管，以防任何一根吸管塞住而喝不到酒，所以2根吸管要一起使用。不過如果拿到的是1根較粗的吸管，就直接喝沒關係。

Non Alcohol Cocktail

無酒精雞尾酒

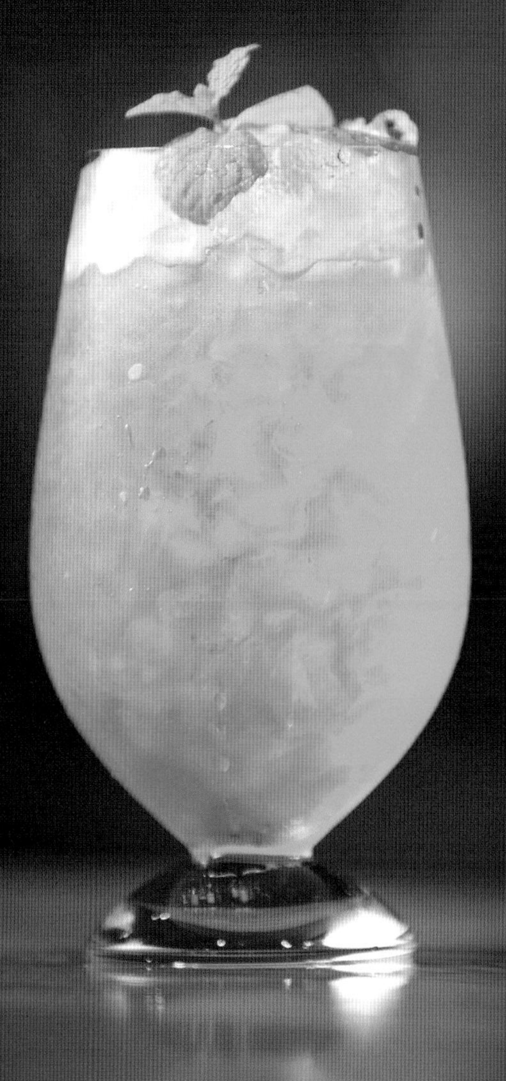

以不停發光發熱的
女性為意象

A | 密 -hisoca- 柘榴 … 10ml
葡萄柚汁 … 30ml
紅石榴糖漿 … 5ml
萊姆汁 … 5ml　玫瑰花瓣 … 1片

雪克杯中放入冰塊與A，進行搖盪後倒入杯中。最後將玫瑰花瓣漂在酒液表面。

Elegant Garnet

優雅石榴石

搖盪法／雞尾酒杯

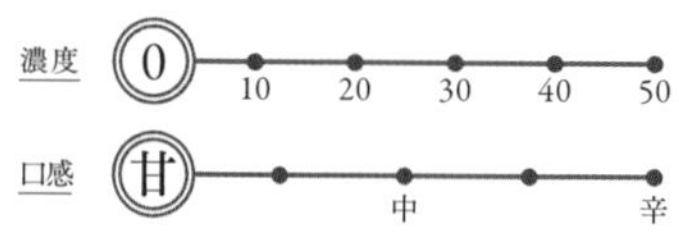

渡邊一也先生，以持續發光發熱、魅力無窮的女性為意象所創作的原創雞尾酒。在美容飲品「密-hisoca-柘榴」的風味中加入清爽的元素，喝起來十分輕鬆。

品嘗通過喉嚨的
涼爽薄荷味

萊姆汁 … 10ml
薄荷葉 … 5片
通寧水 … 適量

杯中放入碎冰與萊姆汁，再放入薄荷葉輕輕攪拌，最後加滿通寧水。

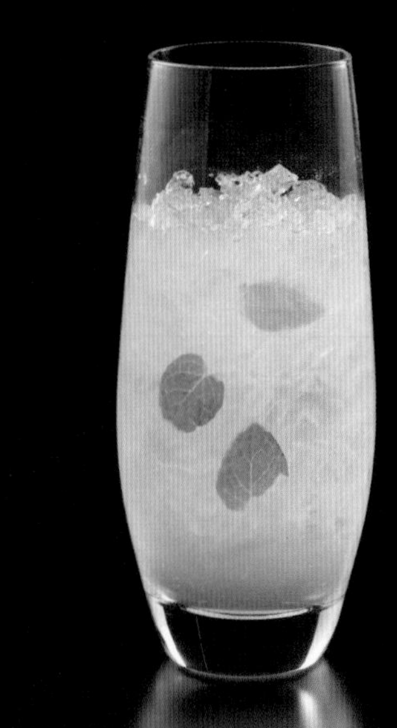

Cool Tonic

酷涼通寧

直調法／可林杯

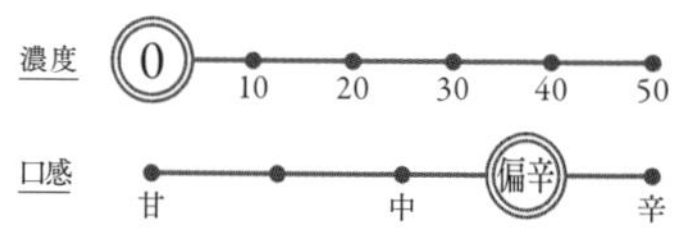

萊姆汁與薄荷葉的涼快感充斥在嘴中，而通寧水的特殊風味與碳酸在入喉時也十分暢快。這杯是本書審定者渡邊一也先生的原創調飲。

讓薑汁汽水
喝起來更爽快

萊姆汁 … 20ml
糖漿 … 1 tsp.
薑汁汽水 … 適量

杯中放入冰塊與萊姆汁、糖漿，接著注入冰鎮的薑汁汽水後輕輕攪拌。

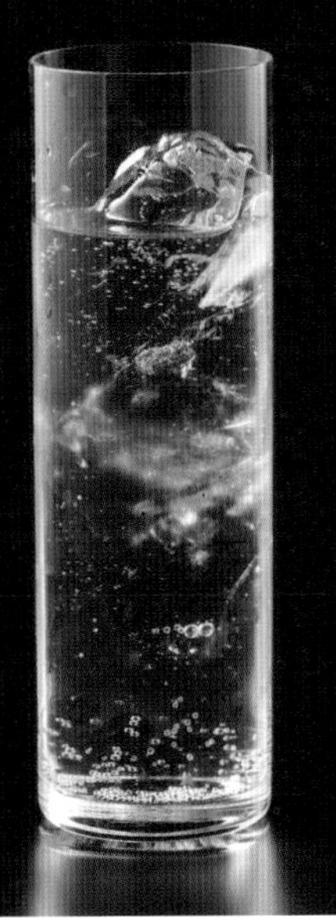

Saratoga Cooler

薩拉托加酷樂

直調法／可林杯

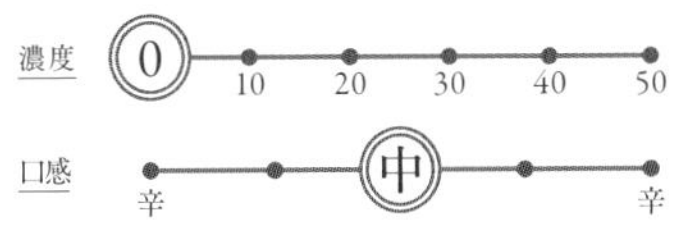

薑汁汽水中加入萊姆汁，打造出更為清爽的口味。雖然有加糖漿，但味道依舊不會太甜。而酒色也十分漂亮，是一杯讓人想優雅品嘗的雞尾酒。

享受香氣與味道的樂趣

水蜜桃果汁 … 45ml
烏龍茶 … 45ml
紅石榴糖漿 … 1 tsp.

杯中放入冰塊與水蜜桃果汁，接著加入冰烏龍茶輕輕攪拌。最後靜靜加入紅石榴糖漿使之沉底。

Sunset Peach

日落蜜桃

直調法／高腳杯

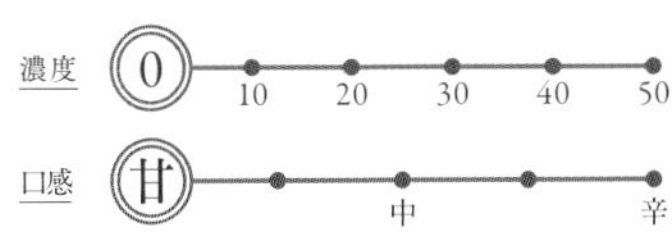

濃郁的香甜水蜜桃果汁搭上烏龍茶，是一杯組合十分奇特的調飲。特殊的香氣與味道既好聞又好喝，宛如落日的鮮豔色彩也很漂亮。

充滿懷舊味道的知名無酒精雞尾酒

紅石榴糖漿 … 10ml
薑汁汽水 … 適量

杯中放入紅石榴糖漿與碎冰，接著注入薑汁汽水。

Shirley Temple

秀蘭鄧波兒

直調法／雞尾酒杯

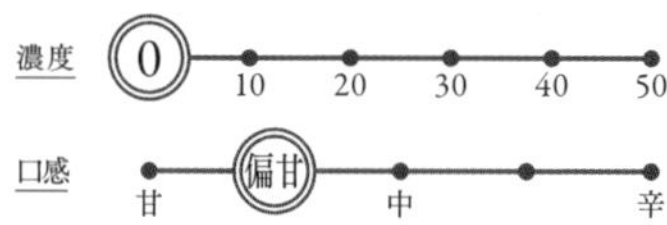

這杯雞尾酒的名字來自過去的知名好萊塢童星。味道清爽、容易入口，而且帶有一股令人懷念的味道，是十分知名的無酒精雞尾酒。

無酒精也能享受調酒的感覺

柳橙汁 … 30ml
檸檬汁 … 30ml
鳳梨汁 … 30ml

雪克杯中放入冰塊與所有材料，進行搖盪後倒入杯中。

Cinderella

仙杜瑞拉

搖盪法／香檳杯（碟型）

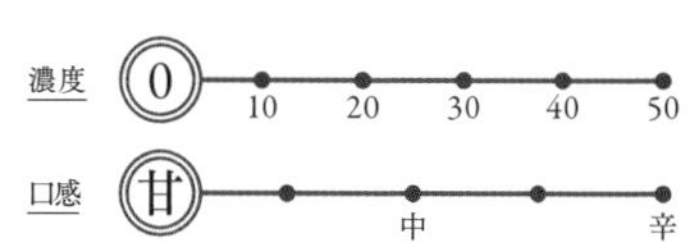

將3種水果果汁混合之後，創造出華麗的熱帶風味。由於這杯飲品會經搖盪過後才注入杯中，所以不能喝酒的人也可以享受到喝調酒的樂趣。

杯中放入碎冰與所有材料，輕輕攪拌。

Fruit Avenue

水果大道

攪拌法／香檳杯（笛型）

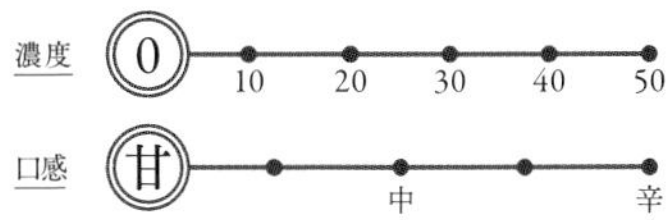

想像北海道壯闊的自然與四季所創造出的無酒精雞尾酒，帶有水果的香氣與味道，讓人感覺彷彿有陣舒適的初夏微風吹來。這是渡邊一也先生的原創作品。

薄荷葉 … 適量

高腳杯中放入碎冰與藍柑橘糖漿、萊姆汁後輕輕攪拌。最後注入通寧水，放上薄荷葉裝飾。

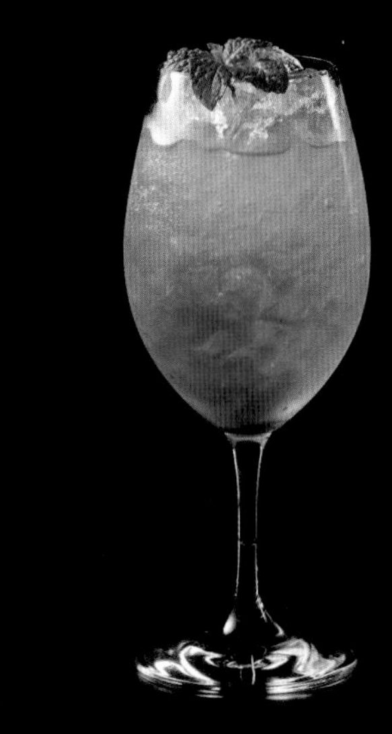

Blue Sky Tonic

藍天通寧

直調法／高腳杯

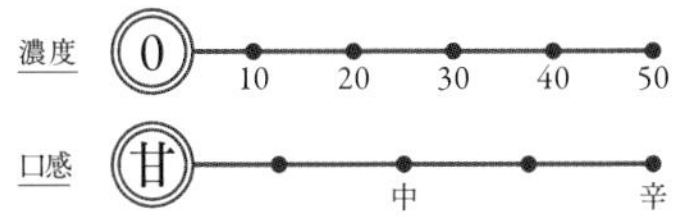

藍柑橘糖漿加上萊姆汁，並注滿通寧水的1杯飲品。放上薄荷葉後增添了香氣與清涼感，是本書審定者渡邊一也先生的原創作品。

攝影協助

京王Plaza Hotel　tel 03-3344-0111（代）

2樓　BRILLANT
主酒吧〈BRILLANT〉

以磚牆和星點般的燈光來迎接客人，具有格調又不失溫暖的正統酒吧。坐在椅背較高的單人沙發上，度過閑靜的時光，享受著店家引以為傲的雞尾酒與知名酒款。

營業時間

17:00～凌晨2:00
（最後點單時間 凌晨1:30）
＊週日、國定假日為17:00～24:00
（最後點單時間 23:30）

3樓　COCKTAIL&TEA LOUNGE
雞尾酒&茗茶LOUNGE

開放式Lounge，可以俯瞰玻璃窗外一整片西新宿的行道樹與街景。除了調酒師精心調製的雞尾酒外，還可以品嘗到他們精挑細選的咖啡和紅茶，此外也提供輕食和香草茶，是一個全方位休息空間。

營業時間

11:00～23:00（最後點單時間 22:30）
＊週日、國定假日為11:00～20:00
（最後點單時間 19:30）

45樓

AURORA

空中酒吧〈AURORA〉

位於海拔160公尺高的位置，可以一覽都心風光的45樓觀景Lounge。搭配美麗的景色，享受獲獎無數的頂級調酒師為你調製的雞尾酒。你可以依照心情或情況，來選擇要坐在吧檯、還是有小隔間的座位區、或是可以享受浪漫美景的窗邊座位區，享受有別於平時的感覺。2016年12月重新開幕。

營業時間
14:00～23:30（最後點單時間 23:00）
＊週六、日、國定假日為12:00～23:30
（最後點單時間 23:00）

廠商聯絡資訊

○朝日啤酒客服專線　0120-011-121
○麒麟啤酒　0120-111-560
○三得利客服中心　0120-139-310
○三陽物產　☎06-6352-1121
○Dover杜瓦洋酒貿易　☎03-3469-2111
○日本酒類販賣　0120-866-023
○日本百加得　☎03-5843-0660
○日本保樂力加　☎03-5802-2756
○明治屋客服專線　0120-565-580
○Mercian客服專線　0120-676-757
○MHD 酩悅軒尼詩帝亞吉歐　☎03-5217-9777
○日本人頭馬君度　☎03-6441-3030

參考資料

《雞尾酒完全手冊》渡邊一也審定（NATSUME社）
《上田和男的雞尾酒技法全書》上田和男（柴田書店）
《雞尾酒&烈酒教科書》橋口孝司（新星出版社）
《新版雞尾酒全書》木村與三男（光之國）
「Liqueur & Cocktail」三得利官方網站

索引

酒精濃度高低索引

TITLE

嚴選雞尾酒手帖

STAFF

出版	瑞昇文化事業股份有限公司
監修	渡邊一也
譯者	沈俊傑
總編輯	郭湘齡
文字編輯	徐承義　蕭妤秦
美術編輯	許菩真
排版	二次方數位設計
製版	明宏彩色照相製版有限公司
印刷	桂林彩色印刷股份有限公司
法律顧問	立勤國際法律事務所　黃沛聲律師
戶名	瑞昇文化事業股份有限公司
劃撥帳號	19598343
地址	新北市中和區景平路464巷2弄1-4號
電話	(02)2945-3191
傳真	(02)2945-3190
網址	www.rising-books.com.tw
Mail	deepblue@rising-books.com.tw
本版日期	2020年6月
定價	350元

ORIGINAL JAPANESE EDITION STAFF

撮影協力	京王プラザホテル（バーテンダー／鈴木克昌、髙野勝矢、石部和明、小鷲崇文）
装丁・デザイン	髙橋克治（eats&crafts）
撮影	西山 航（小社写真部）
イラスト	桔川 伸
執筆協力	松重貢一郎
校正	株式会社円水社
編集	株式会社チャイハナ 小栗亜希子

國家圖書館出版品預行編目資料

嚴選雞尾酒手帖 / 渡邊一也監修 ; 沈俊傑譯. -- 初版. -- 新北市 : 瑞昇文化, 2019.12
192面 ; 14.8 X 21公分
ISBN 978-986-401-382-1(平裝)

1.調酒

427.43　　108018793